10대를 위한
적정기술
콘 서 트

일러두기

＊인명과 지명은 국립국어원 외래어 표기법을 기준으로 표기했습니다.

＊본문에 쓰인 '저소득국가'는 세계은행이 2016년부터 활용하는 분류 기준을 따랐습니다.

  (2020년 기준으로 1인당 국민총소득이 $1,045 이하인 국가)

더 나은 사회를 만드는
지속가능한 과학기술

10대를 위한
적정기술
콘서트

장수영 안성훈 이원구 신관우 서덕영
신선경 박헌균 김가형 김형진

7분의언덕

차 례

01
적정기술 4.0

장수영

'착한'이라는 형용사에 좀 더 어울리는 과학기술.

그런 기술이 있을까 싶지만, 착한 기술이야말로

과학기술자가 되어 세상을 널리 이롭게 하리라

다짐하던 어린 시절의 꿈이었습니다.

어린 시절 꿈속에 바라던 착한 과학기술을 찾아

떠난 길에서 저는 적정기술을 만났습니다.

그 길을 돌아보면 적정기술은 다양한 모습으로

다가왔습니다. 그 모습을 적정기술 1.0, 2.0, 3.0

그리고 4.0으로 구분해 이야기해 보려 합니다.

유엔환경계획(UNEP)이 2016년에 펴낸 보고서에 따르면, 전 세계에서 3억 명이 넘는 인구가 오염된 식수를 마시며, 이로 인한 수인성 질병으로 해마다 340만 명이 사망하고 있습니다. 수많은 저소득국가에서는 아직도 깨끗한 식수를 얻기 어렵습니다.

그렇게 많은 사람들이 수인성 전염병에 시달리지만, 수인성 전염병을 연구하는 박사 연구원을 찾기란 어렵습니다. 왜냐하면 수인성 전염병은 잘 사는 나라에서는 거의 퇴치된 질병이기 때문이지요.

반면에 탈모 방지나 다이어트와 같은 웰빙을 위한 과학기술을 연구하는 박사 연구원은 셀 수 없을 만큼 넘쳐납니다. 많은 연구자들이 생화학과 생명과학 전문지식은 물론 레이저와 센서 등 첨단 과학기술까지 동원하여 탈모, 피부, 몸매, 건강 등을 관리하는 제품을 개발하여 세상에 내놓고 있어요. 과학기술의 눈부신 활약 덕분이지만, 마음 한 구석에서는 불편함이 느껴집니다.

물론 과학기술은 문제를 해결하기 위한 수단이므로 그 자체를 선 또는 악으로 판단할 수는 없어요. 하지만 무슨 목적을 위해 어떤 과학기술을 골라 활용할지에 대한 책임은 우리 몫입니다. 그렇다면 눈앞의 경제적 이익보다는 조금 더 넓게 멀리까지 내다보면서 목적을 세우고, 그 목적에 맞는 과학기술을 골라 연구하는 일은 칭찬할 만하지요.

'착하다'는 단어는 과학기술과 잘 어울리지 않습니다. 과학기술의 차가운 이미지가 착하다는 말의 따뜻함과 어울리지 않는 이유도 있지만, 과학기술이 제공하는 모든 좋은 것에는 가격표가 달려 있기 때문인 듯합니다. 대가를 지불해야만 얻는 대상에 착하다는 말은 잘 어울리지 않지요.

조금 야박해 보이지만 값나가는 물건이나 기술에 마땅한 가격표를 다는 일은 꼭 필요합니다. 가치 있는 것에 마땅한 가격을 내도록 하면 그 가격을 지불하고 사용하는 이들이 절약하는 마음을 갖게 되어 자원을 낭비하지 않게 됩니다. 또한 가치 있는 대상을 만들어 낸 사람들이 그들의 노력에 걸맞는 보상을 받게 되어 더욱더 새로운 가치를 만드는 일에 정진하게 되지요. 그러니 과학기술이 주는 모든 좋은 것에 마땅한 가격을 매기는 일은 바람직하답니다.

하지만 과학기술에 가격을 매기다 보면, 첨단 과학기술일수록 가격이 더 높아지고 비싼 가격을 지불할 수 있는 소수의 사람들만 과학기술의 혜택을 보게 됩니다. 첨단 과학기술이 절실히 필요해도, 빈곤한 환경에서 태어나 고단한 삶을 사는 사람들은 지불 능력이 없으므로 아무런 혜택도 누리지 못합니다. 그러다 보니 가격을 지불해야 하는 과학기술과 '착하다'는 형용사가 잘 어울리지 않게 된 건 아닐까요?

'값(price)' 그리고 '없음(less)'이라는 뜻의 단어를 붙여 만든 영어 단어 'priceless'가 '소중하다'라는 의미로 쓰이는 것은 착한 과학기술을 생각할 때 꼭 한번 짚어볼 만합니다. '값을 매기지 않은' 그래서 '착한'이라는 형용사에 좀 더 어울리는 과학기술 ……. 그런 기술이야말로 과학기술자가 되어 세상을 널리 이롭게 하리라 다짐하던 어린 시절의 꿈이 아니었나 싶습니다. 저는 어린 시절 꿈속에 바라던 착한 과학기술을 찾아 떠난 길에서 적정기술을 만났습니다. 그 길을 돌아보면 적정기술은 제게 여러 모습으로 다가왔던 것 같아요. 이 글을 통해 적정기술의 여러 모습을 적정기술 1.0, 2.0, 3.0, 4.0으로 나누어 이야기해 보고자 합니다.

적정기술 1.0 – 과학기술로 착한 일을 하자

한국인은 기막힌 가난을 딛고 일어선 국민이기 때문일까요? 약자 편에 서려는 성향은 한국인의 DNA에 깊이 새겨진 듯합니다. 운동 경기에서도 주로 약자를 응원하고, 억울한 약자의 소리에 귀 기울이고 편들려는 행동은 우리 모두가 소중하게 여기는 가치입니다. 이런 배경에서 한국 적정기술의 역사는 시작되었습니다.

2009년에 설립된 단체 〈나눔과기술〉은 '90%를 위한 설계'를 목적으로 설계 경진 대회와 아카데미를 실시하기 시작하였습니다. 같은 시기에 〈국경없는과학기술자회〉도 설립되어 적정기술 행사가 활발하게 열리게 되었지요. 이 시기의 적정기술을 적정기술 1.0이라 볼 수 있습니다.

지금도 그렇지만, 적정기술 1.0이 출범했던 당시에도 기술 개발의 일반적인 추세는 잘 팔리는 기술의 개발, 즉 글로벌 시장에서 구매력이 있는 사람들만을 염두에 둔 기술의 개발이 주류였습니다. 하지만 그즈음 글로벌 시장에서 구매력이 있는 넉넉한 사람들이 놀랍게도 전 인류의 10%에 불과하다는 반성이 일어나고 있었어요. 그리고 뉴욕 쿠퍼휴잇 박물관에서 '90퍼센트를 위한 디자인(Design for the other 90%)' 전시회가 열렸습니다.

전시회에서 라이프스트로우(LifeStraw)와 Q드럼(Q-drum)과 같은 작품이 소개되고, 이 작품들이 적정기술 1.0을 상징하는 제품으로 자리매김합니다. 세계적인 디자이너 빅터 파파넥이 만든 깡통 라디오도 다시 주목 받고, 공학 분야뿐 아니라 디자인 분야에서도 가난한 사람들의 삶을 생각하는 움직임이 있다는 사실이 알려졌지요. 이에 따라 공학 설계 전문가와 산업 디자인 전문가들이 적정기술 제품의 설계를 위해 활발하게 협력하게 됩니다.

휴대용 정수기 라이프스트로우

● 라이프스트로우와 Q드럼

라이프스트로우는 플라스틱 파이프 안에 활성탄을 채워 넣은 정수 기구입니다. 라이프스트로우에 입을 대고 물을 빨아들이면, 물이 파이프 안에 든 활성탄을 통과하면서 정수되어 안전한 물을 마실 수 있지요. 간단해 보여도 활성탄의 성질과 수인성 전염병을 일으키는 병균에 대한 전문적 지식을 가진 전문가의 참여로 설계되었어요.

Q드럼은 50 ~ 60리터 물이 담긴 물통을 돌돌 굴릴 수 있게 설계된 제품입니다. 저소득국가에서 물을 길어 나르는 일은 힘이 약한 어린이나 여성의 몫이에요. 물을 구하려면 가깝게는 1 ~ 2킬로미터 멀면 10 ~ 20킬로미터나 되는 거리를 왕복해야 하는데, 거의 반나절이나 걸리는 일이랍니다. 물 사정이 열악한 곳에서는 아이들이 학교에 가는 대신 물을 길어 올 수밖에 없어요. 그들에게 Q드럼은 고마운 발명품이에요.

물을 손쉽게 운반하는 Q드럼

● 빅터 파파넥의 깡통 라디오

디자이너인 빅터 파파넥은 안타까운 소식을 들었습니다. 아프리카에서 화산 폭발이 일어났는데 수많은 사람들이 미리 대피하지 못하여 커다란 피해를 입게 되었다는 것이었죠. 그는 정부가 화산 폭발의 징후를 알아차린 다음, 화산 폭발 지역 주민들에게 위험을 알려 줄 방법은 없을지 생각하고, 궁리한 끝에 깡통 라디오를 설계합니다.

깡통 라디오는 25센트(USD), 한화로 300원 밖에 안 되는 값싼 부품들을 써서 만든 것으로, '광석 라디오'라 불리던 라디오 수신기예요. 세계적으로 유명한 디자이너였던 파파넥은 깡통 라디오 표면에 그 지역의 전통

빅터 파파넥의 깡통 라디오

무늬를 그려 넣어 사용자들이 친숙하게 느끼도록 하는 배려도 잊지 않았어요.

지금까지 적정기술 1.0에 해당하는 제품 세 가지를 살펴봤어요. 적정기술 1.0은 착한 기술 혹은 36.5도의 기술로도 불렸습니다. 가난하여 구매력이 없다는 이유로, 삶의 기본적인 필요까지 외면 당하는 소외된 사람들을 위한 기특한 아이디어들이 적정기술 1.0의 주류였기 때문이에요.

현지에서 구할 수 있는 재료만을 사용하고, 이해하기 어렵지 않고 실현하기 쉬운 기술을 주로 활용하다 보니, 적정기술 1.0은 첨단 기술이 아니라 '쉬운' 기술, '값싼' 기술 심지어는 '선진국에서는 한물 갔지만 저소득국가에서는 아직 유용한' 기술이라는 생각이 널리 퍼졌습니다. 이 생각이 틀린 건 아니지만, 적정기술의 범위가 '값싼 기술'이라는 극히 제한적인 영역으로 정의된 점은 아쉬움으로 남습니다.

● 실패한 적정기술, 플레이펌프

수많은 성공 사례가 있지만, 적정기술 1.0의 사례 중에는 플레이펌프와 같이 어처구니 없는 실패 사례도 적지 않습니다. 주요한 실패 원인은 현지 상황과 수요를 정확하게 파악하지 못했기 때문입니다. 그러나 이는 일반적인 공학 설계의 실패일 뿐, 적정기술의 실패는 아니에요. 적정기술 1.0의 제품 대부분은 무상 배포를 전제로 했기에 경제성을 충분히 고려하지 않았다는 결정적인 결함이 있었지요.

플레이펌프는 아이들이 돌리며 노는 회전 놀이 기구를 이용한 펌프입니다. 회전 운동을 동력으로 삼아 깊은 곳의 물을 끌어올려 높은 저장소에

플레이펌프는 아이들이 놀이 기구를 돌리며 놀면 물탱크에 물이 차도록 고안된 제품이다. 반짝이는 아이디어로 대대적 지원을 받아 1800개나 설치되었으나, 제대로 사용되지 않아 실패한 적정기술의 대표 사례로 꼽힌다.

옮겨 담고, 필요할 때 수도를 통해 내려 쓰는 시스템이에요. 플레이펌프는 아이들의 놀이 활동과 깨끗한 물의 공급을 결합한 매우 참신한 아이디어로 인정받아 많은 돈을 들여 여러 곳에 설치되었답니다. 하지만 아이들이 지속적으로 놀이 기구를 돌리면서 동력을 제공하리라는 예상이 빗나갔어요. 결국 플레이펌프는 많이 사용되지 않았고, 시스템을 유지 관리하려는 동기 부여도 되지 않아 크게 실패했지요.

적정기술 2.0 – 과학기술로 쭉 착한 일을 하자

캐나다의 정신과 의사였던 폴 폴락(Paul Polak)은 적정기술의 역사에 매우 중요한 영향을 미쳤어요. 그는 책《Out of poverty(한국어판: 적정기술 그리고 하루 1달러 생활에서 벗어나는 법)》에서 저소득국가의 극빈층이 빈곤을 극복할 방법을 제시했어요. 자신의 현장 경험에 바탕을 둔 새로운 방향이었지요.

폴 폴락

폴락은 〈적정기술은 죽었다〉라는 글을 통해 그동안의 적정기술에는 결정적인 결함이 있었다고 주장했어요. 적정기술 1.0은 지속가능성이 없어서 실패했고, 착하긴 하나 계속 쭉 착하기에는 부족함이 많았다는 의미였지요.

폴락은 적정기술을 통해 지속적인 변화와 개선을 이루려면 적정기술의 결과물이 기업 활동을 통해 지속적으로 제작, 유통, 보급되어야 한다고 주장했습니다. 가난한 사람들이 사용할 제품이라도 무료로 공급하는 데는 한계가 있습니다. 그러므로 가난한 사람들이 감당 가능한 방식으로 비용을 부담하는 비즈니스와 결합해야만 적정기술이 지속가능성을 갖추게 된다고 주장했지요. 폴락의 이러한 개념을 적정기술 2.0이라 볼 수 있습니다.

폴락은 가난한 사람들이 감당할 수 있는 수준에서 구입 가능한 제품을 공급하는 사기업이 필요하다고 생각했어요. 그래서 비영리기구인 〈국제개발기업(IDE: International Development Enterprise)〉을 설립했지요. 폴락은 농사를 더 쉽게 짓고, 더 많이 수확하게 돕는 제품을 주로 설계했는데, 예를 들면 '발로 밟는 펌프'나 작은 구멍이 난 비닐 봉지를 이용한 '점적 관개용 비닐 봉투' 등이 있습니다.

발로 밟는 펌프는 땅속의 물을 퍼올려 농업용수로 사용하도록 돕는 관개* 펌프예요. 부품 대부분을 현지에서 구할 수 있으므로 유지 보수가 쉽습니다. 점적 관개용 비닐 봉투는 비닐 봉투에 작은 구멍을 낸 제품이에요. 봉투에 물을 채워 두면 작은 구멍을 통해 오랜 시간 동안 물이 서서히 떨어지지요. 이런 제품들을 활용하면 농사 짓는 면적을 크게 넓혀 더 많은 농작물을 재배할 수 있습니다.

*관개 농작물을 키우는 데 필요한 물을 논밭에 인공적으로 공급하는 일.

또한 폴락은 적정기술 제품의 판매와 유통을 담당하는 소기업을 만들었습니다. 적정기술 제품을 활용해서 농사를 지으면 수확량이 늘어나고,

발로 밟는 펌프   점적 관개용 비닐 봉투

돈이 생기게 됩니다. 폴락은 그렇게 구매력이 생긴 마을에 소독약으로 식수를 정수하거나 태양광 발전으로 전등을 밝히는 기업을 만든 뒤, 유료 서비스를 통해 안전한 식수를 공급하고 삶의 질을 높이는 방안을 제안했어요. 그후 폴락은 〈윈드호스 인터내셔널〉이라는 회사를 만들어 적정기술 제품을 기반으로 한 창업을 도왔습니다. 2019년 10월 10일에 지병으로 세상을 뜰 때까지 폴락은 적정기술과 기업 모델을 연계하는 일에 일생을 바쳤습니다.

폴락이 한국을 방문했던 2015년 즈음, 한국의 적정기술 활동 역시 적정기술 2.0에 부합하는 방향으로 나아가고 있었습니다. 한국 정부는 저소득 국가에 제공하는 공적개발원조(ODA: Official Development Assistance)의 하나로 과학기술을 이용한 '과학기술 ODA'를 수행하고 있었어요. 적정기술을 활용하는 저소득국 지원 사업을 시작하고, 그 사업의 일부로 저소득국에 적정기술 센터를 구축하는 사업을 진행했지요.

정수된 물이 판매되는 모습을 보는 폴락   정수된 물을 판매하는 기업인

〈국경없는과학기술자회〉는 캄보디아에 제1호 적정기술 센터를 만들
고, 수처리 기술*을 이용해 물 문제를 해결하고자 했습   *수처리 기술 식수, 공업용수, 농업
니다. 〈나눔과기술〉은 라오스에 제2호 센터를 만들어   용수로 쓰기 위해 수질을 물리적, 화
                                                              학적 공정을 거쳐 개선하는 기술.
지역 특산물을 이용하는 마을 기업이 설립되도록 도왔지요. 뒤이어 네
팔, 에티오피아, 탄자니아에서도 적정기술 센터 사업이 시행되었습니다.
이 사업의 목표는 설립된 센터를 중심으로 기업을 설립하고, 해당 기업이
적정기술 제품을 지속적으로 생산, 유통하는 자립 기반을 갖추도록 돕는
것입니다. 바로 이런 접근이 적정기술 2.0이라 볼 수 있어요.

  적정기술 2.0의 최종 목표는 설계한 제품을 생산 유통하는 기업을 만
드는 것이므로, 기업을 이끌 인재가 필요합니다. 이러한 인재를 양성하
려면 현장의 문제를 찾아내는 인문학적 상상력과 공감 능력, 문제 해결을
모색하는 기술, 제품 설계에 필요한 기술, 현지에서 생존 가능한 비즈니스
모델 설계 방법 그리고 창업을 도모하는 기업가 정신을 교육해야 합니다.

적정기술 2.0은 다음 단계로 변화를 꾀했습니다. 그 변화의 씨앗은 그 시기에 열린 행사에 참여한 학생들이 하던 질문에 담겨 있었습니다. 학생들은 저소득국의 절대 빈곤층을 돕는 일에 그치지 않고, 우리나라에도 적정기술이 필요하지 않은지를 물었습니다. 그리고 한국에 필요한 적정기술 제품에 관심을 가졌습니다.

적정기술 3.0 - 과학기술로 더 나은 사회를 만들자

우리나라에는 절대 빈곤에 시달리는 사람은 거의 없으나, 상대적으로 가난한 계층과 장애인이 존재합니다. 이러한 사람들을 위한 기술이 필요하다고 생각하는 사람이 점점 많아졌고, 이러한 기술을 적정기술 범주에 포함해야 한다는 생각이 차차 공감을 얻게 되었습니다. 그 결과 적정기술 경진 대회와 아카데미 프로그램에도 저소득국가를 위한 적정기술 부문 외에 장애인과 같은 사회적 약자를 대상으로 한 적정기술 부문이 추가되었습니다. 이러한 변화가 적정기술 3.0의 예고였습니다.

적정기술 1.0과 2.0이 집중했던 저소득국의 빈곤 문제는 시급한 사회 문제입니다. 넓게 보면 적정기술은 사회 문제를 해결하기 위한 과학기술의 응용입니다. 요즘 여러 미디어에서 '사회 문제 해결형 과학기술'이라 부르는 기술이 바로 적정기술 3.0이지요.

사회적 난제는 매우 다양합니다. 이를테면 환경 오염에 따른 생태학적 위기, 미세먼지로 인한 대기 오염, 청년 실업, 고령화, 경제 양극화, 더 나아가 극단적 진보와 보수의 대립에 따른 민주주의 체제의 위기 등을 꼽을 수 있습니다. 과학기술로 이런 중대한 문제의 해결이 가능한가라는 물음은 매우 가치 있는 질문입니다.

지속가능 개발 목표(SDGs)의 17가지 분야와 실행 목표

비슷한 시기인 2015년에 반기문 총장이 이끌던 유엔(UN: Unites Nations)에서도 과거의 새천년 개발 목표(MDGs: Millenium Development Goals)를 종결하고, 지속가능 개발 목표(SDGs: Sustainable Development Goals)를 새로운 목표로 설정했습니다. MDG가 가난한 저소득국을 염두에 둔 목표였다면, SDG는 선진국까지 포함하는 전 지구적 개발 목표입니다. SDG에 기여하는 기술이 바로 적정기술 3.0으로, 다음 사례들을 예로 들 수 있습니다.

(주)바이맘은 장애인을 고용하여 실내 텐트를 제작, 유통하는 기업입

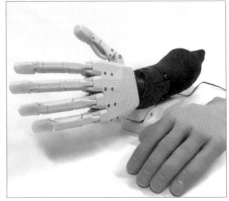

네팔에서 사용 중인 바이맘 텐트   (주)만드로에서 3D 프린터로 만든 전자의수

니다. 에너지 사용을 크게 줄이는 실내 텐트를 개발하여 빈곤층이 따뜻하게 겨울을 나도록 돕고, 환경 보존에도 기여하고 있습니다. 장애인 돕기, 빈곤층 난방비 경감, 환경 보존에 기여하는 일석삼조의 기업이에요.

(주)만드로는 양손이 절단된 장애인을 위한 전자의수를 만들어 보급합니다. 이 회사는 '누구도 돈이 없어서 전자의수를 포기해서는 안 된다'는 생각을 모토로 내걸었습니다. 그래서 3D 프린팅과 오픈소스 소프트웨어 기술을 이용하여 100만 원대 맞춤형 전자의수를 개발했어요. 기존 전자의수가 1,000만 원이 넘는 고가였다면 만드로는 제품 가격을 확 내렸지요.

그 밖에도 국내의 많은 젊은 창업자들이 다양한 사회 문제를 해결하는 과학기술 제품을 제작, 유통하는 사업을 하고 있습니다. 또한 이런 사회적 가치를 창출하려는 기업에 대한 투자를 목적으로, (주)디쓰리쥬빌리 파트너스, 더브릿지, 언더독스와 같은 회사들이 등장하여 사회 문제 해결형 기업의 창업 컨설팅과 크라우드 펀딩*을 제공하고 있어요.

흥미로운 외국 사례로는 아르헨티나의 사 회 운동가 피아 만치니(Pia Mancini)가 만든

* 크라우드 펀딩 소셜네트워크 서비스를 이용해 소규모 후원을 받거나, 투자 등의 목적으로 인터넷과 같은 플랫폼을 통해 다 수의 개인으로부터 자금을 모으는 행위.

스마트폰 앱과 케냐의 모바일 화폐 엠페사(M-PESA) 등을 꼽을 수 있습 니다. 피아 만치니는 국회에 상정되는 법안에 대해 누구나 찬반의사를 직접 제출할 수 있는 간단한 앱을 개발했어요. 그녀는 정치 자금을 전혀 사용하지 않고도 투표자의 4%가 지지하는 정당을 만들었지요.

케냐의 엠페사는 은행 계좌가 없어도 문자 메시지를 보낼 수 있는 휴대 전화만 있으면 누구나 쉽게 사용 가능한 모바일 화폐입니다. 케냐 인구 93%가 엠페사를 쓰고(케냐 인구는 약 5,400만 명), 하루 평균 결제량이 약 3천만 건에 이릅니다. 정말 놀라운 성과지요..

우리나라에서도 코로나 사태가 시작되었던 2020년에 당시 경희대학교 4학년생인 이동훈 군이 확진자 동선을 알려주는 앱을 만든 사례가 있었

인터넷 시대에 민주주의를 발전시키는 앱을 개발한 피아 만치니

휴대폰으로 사용 가능한 케냐의 모바일 화폐 엠페사

습니다. 이 또한 공중보건의 위기라는 사회 문제를 해결하기 위해 이동통신 기술을 적정하게 활용한 적정기술 3.0 사례입니다.

여기까지가 적정기술의 과거와 현재입니다. 적정기술 1.0에서 3.0까지는 모두 현재 진행 중이에요. 생각해보면 적정기술 3.0은 적정기술 1.0과 2.0을 포함하며, 적정기술 2.0은 적정기술 1.0을 포함하고 있어요. 그렇다면 이 모두를 포함하는 적정기술의 미래, 즉 적정기술 4.0은 어디를 향할까요?

적정기술 4.0 – 과학기술로 지속가능한 미래를 만들자

미래를 예측하기란 불가능해요. 미래는 우리 모두가 만들어갑니다. 우리가 만들 적정기술의 미래 모습을 적정기술 4.0이라 부른다면, 적정기술 4.0은 어떤 모습일까요? 이 질문에 대한 답을 찾기 위한 단서는 4차 산업혁명이라 부르는 최근의 기술 동향에서 찾아 볼 수 있어요.

4차 산업 혁명은 지금도 진행되는 변화를 일컫는 말이에요. 그래서 그 내용을 온전히 파악하기는 어렵습니다. 다만 각자 관점에서 현재 흐름을 해석하여 미래를 짐작하는 것만 가능합니다. 저는 4차 산업 혁명의 흐름을 '기술의 민주화'라는 관점으로 해석합니다.

공상과학 영화의 효시로 불리는 소설 《2001: 스페이스 오디세이》를 쓴 영국 작가 아서 C. 클라크는 "극도로 앞서가는 기술은 마술과 구분

아서 C. 클라크(왼쪽)와
영화 〈2001: 스페이스 오디세이〉
포스터(오른쪽)

이 되지 않는다"라고 했습니다. 모든 혁신적인 기술은 처음으로 등장할 때 마술처럼 보입니다. 오늘날 일상적인 삶의 일부가 된 기술들을 100년 전 사람들이 본다면 어떻게 생각할지 상상해보면 이해가 가지요?

하지만 점차 많은 사람들이 혁신 기술의 원리를 밝히고 이해하면서 모두가 새로운 기술에 대해 알게 됩니다. 그러면 그 기술은 마법의 지위에서 차츰 내려와 모든 이들의 손에 들어가고 그들 삶의 일부가 됩니다. 기술에 대한 진입장벽이 낮아지는 것이죠. 이런 과정을 기술이 민주화되는 과정이라 해석할 수 있고, 4차 산업 혁명은 이런 과정에서 이루어지는 변화라 볼 수 있습니다.

예컨대 전기를 사용하려면 대형 발전소를 건설하고, 대규모 송전 시설을 갖추어야 하므로 발전과 송전은 국가가 나서야만 하는 일이었어요. 하지만 이제는 어느 정도의 규모까지는 소규모 수력, 풍력, 태양광 발전기를 이용하여 개인이 전기를 만들어 쓰게 되었습니다. 이런 현상은 '전기의 민주화'라 부를 수 있습니다. 또한 은행 같은 금융 기관만이 제공했던 금융 서비스가 이젠 크라우드 펀딩과 P2P(Peer to Peer, 개인과 개인의

칼렙 하퍼가 개발한 푸드컴퓨터   개인용 스마트 농업 기구인 팜보트

직접 연결) 기반의 예금, 대출, 송금 등을 통해 가능해진 변화를 '금융의 민주화'라 부르기도 합니다.

이젠 우리 삶의 기초가 되는 농업도 누구나 할 수 있는 시대가 되었어요. 매사추세츠 공과대학교(MIT) 미디어랩의 칼렙 하퍼(Caleb Harper) 교수는 푸드컴퓨터라는 개인용 농사 기계를 만들어 그 기술을 모두에게 공개하였습니다. 인터넷만 연결되면 자동화된 작은 박스 안에서 농사를 짓는 데 필요한 모든 지식이 다운로드 되는 놀라운 기계랍니다. 하퍼 교수는 다음과 같이 말했어요. "제가 세상의 모든 문제를 풀진 못하지만, 푸드컴퓨터를 이용하여 농사를 짓게 된 10억 명의 농부들은 세상의 문제를 해결하겠지요."

그 밖에 팜보트(FarmBot)와 같은 개인용 스마트 농업 기구가 인터넷을 통해 싼 가격에 팔리고, 오픈소스 형태로 제공되었습니다. 이와 함께 도시 농업이나 수직 농업 등도 많은 사람들의 관심을 받고 있어요. 이러한 추세는 기술의 민주화로 해석할 수 있으며, 특히 기술의 민주화 과정에서 개인이 삶의 주권을 더 많이 가진다는 점은 주목할 만합니다.

적정기술 1.0에서 3.0까지는 빈곤하거나 다른 사회적 난제에 억눌려 삶의 주인이 되지 못하는 사람들의 역량을 강화하여 스스로 삶의 주인이 되도록 돕는 기술이었습니다. 그러나 적정기술 4.0은 궁극적으로 모두가 '자급자족'에 이르도록 돕는 기술이라 생각합니다.

매우 이상적인 생각이라 할 수도 있지만, '자족'이야말로 고령화나 청년 실업처럼 해결이 불가능해 보이는 이 시대의 난제를 근본적으로 해결할 개념이라고 생각합니다. 이런 맥락에서 우리 조상의 지혜인 '농자천하지대본(農子天下之大本)'이라는 말을 한번 깊이 생각해보길 권합니다.

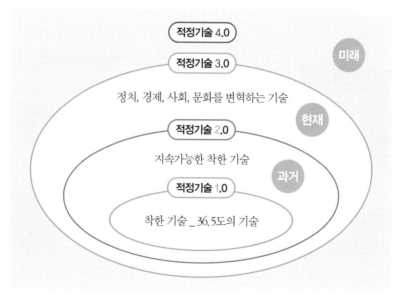

적정기술의 과거와 현재 그리고 미래

농업에 기반한 자족 공동체 건설을 돕기 위한, 과하지도 모자라지도 않은 기술. 그래서 '적정'이라는 수식어와 완벽하게 어울리는 기술. 그 기술이 우리가 지향해야 할 적정기술 4.0이라 생각합니다.

우리의 꿈으로 만드는 미래

그저 착한 일을 해보겠다는 생각으로 떠난 길에서 저는 적정기술을 만났습니다. 그 길에서 만난 적정기술 1.0은 대가 없이 주면서 고상해진 과학기술이자 착한 과학기술이었습니다. 하지만 '무료'로 제공된 적정기술 1.0은 지속성이 없다는 한계를 지니고 있었어요. 이에 적정기술 1.0은 비즈니스 모델을 갖추고 유료로 제공되면서 지속적으로 착한 일을 쭉 하는 적정기술 2.0으로 발전하게 되었습니다.

하지만 가난에서 비롯되는 문제만이 우리 앞에 놓인 도전의 전부가 아닙니다. 더 나은 사회를 만들기 위해 우리는 정치, 경제, 사회, 문화 그리고 교육에 이르는 모든 분야에서 마주하는 문제들을 극복하기 위해 노력해야 합니다. 이때에 활용되는 과학기술이 적정기술 3.0이며 우리는 바로 적정기술 3.0의 시대를 살고 있지요.

적정기술 4.0은 아직 미완성입니다. 하지만 이미 시작된 4차 산업혁명의 흐름과 함께 만들어지는 미래의 기술이랍니다. 미래는 결코 주어진 운명처럼 정해지지 않습니다. 오히려 우리 소망을 담아 힘껏 그려 내는 이상향의 크기만큼 커질 수 있어요. 그러니 조금 어려워도 더 큰 꿈을 가져야 합니다.

자족하며 스스로 삶의 주인이 되는 과학기술이 가능하다면 그것이 적정기술 4.0이었으면 하는 소망을 가져봅니다. 세계 각국에 흩어져 사는 사람들이 인터넷의 오픈소스 플랫폼을 통해 연결되어 세상의 모든 지혜를 널리 나누는 세상을 그려봅니다. 그리하여 모두가 어느 누구에게도 종속되지 않는 멋진 세상을 꿈꿔봅니다. 그런 꿈이 이루어지는 적정기술 4.0의 시대를 꿈꿉니다.

장수영 포항공과대학교 산업경영공학과 교수

연세대학교 물리학과를 졸업한 후, 산업공학을 전공으로 미시간대학교에서 박사학위를 취득했다. 미국 사우스캐롤라이나 클램슨대학교 수리과학과 교수를 거쳐 1989년부터 포항공과대학교에서 산업경영공학과 교수로 재직 중이다. 주된 학문적 관심은 최적화 이론과 그 이론의 산업체 응용이지만, 신앙과 학문의 통합을 목표로 하는 (사)기독교세계관학술동역회 활동에 참여하고 있다. 최근에는 적정기술에 관심을 갖게 되어 (사)나눔과기술과 (사)적정기술학회의 설립에 참여했다. 또한 기업의 CSR, CSV, ESG 활동에 적정기술을 활용하는 방안과 적정기술을 이용한 사회적 기업의 설립 그리고 한국 정부의 공적개발원조(ODA)에 친환경적인 적정기술을 적극 활용하면서 이상적인 지역사회 개발을 이루도록 도모하는 일에 참여하고 있다. 현재 라오스, 캄보디아, 미얀마, 네팔, 몽골에서 진행되는 다양한 프로젝트에 참여하고 있다.

Email: syc@postech.ac.kr

02

지속가능한 에너지 자립을 위하여

안성훈

에너지는 열, 빛, 전기 등의 형태로, 우리가 생활하는

데 아주 중요한 도움을 줍니다. 우리나라에서는

집안 조명이나 에어컨 같은 에너지 기계를 당연하게

사용하지만, 전 세계 많은 지역에서는 에너지 자원이

없고 에너지를 구입할 돈이 없어서 에너지 기계를

잘 사용하지 못하고 있어요. 정말 안타까운 일입니다.

현재 기후변화라는 전 지구적인 대변화 속에서

탄소중립을 이루기 위한 국제적인 에너지 대전환이

일어나고 있습니다. 이러한 가운데 저소득국가와

선진국이 서로 도우며 에너지를 사용하고 환경을

보존하는 적정기술이 가능할지 알아봅시다.

기후변화로 일어나는 문제

기후변화란 우리가 사는 지구가 기후 평균값을 크게 벗어나는 상태를 말합니다. 주로 인간이 일으킨 기후의 변화를 의미하지요. 한국에서는 기후변화를 피부로 느끼기 힘듭니다. 개인에 따라 겨울 추위와 여름 더위가 좀 심해졌다고 생각하는 정도일 수 있어요. 기후변화를 체감하지 못하는 이유 중 하나는 건물 대부분에 냉난방 시설이 잘 갖추어져 있고, 냉난방 장치를 사용하는 데 필요한 전기가 언제든 충분히 공급되기 때문이에요. 하지만 국민소득이 낮은 나라일수록 기후변화로 많은 문제를 겪으며 그 정도도 심각합니다.

저소득국가 대부분에서는 전기가 귀해요. 도시에 살아도 하루에 몇 시간 동안 정전되거나 단전되는 일이 생긴답니다. 하루 24시간 내내 연속해서 전기를 쓰기란 매우 어려워요. 전기가 꼭 필요한 경우에는 석유를 연소해서 발전기를 돌려야 합니다. 한국같이 전기 시스템이 발달한 나라에서는 정전이나 단전을 경험하기 매우 어려우므로, 이해하기 어려운 상황이지요. 그렇지만 최근에는 기후변화 때문에 선진국에서도 심각한 전기 문제가 발생하는 사례가 일어나고 있습니다.

2021년 초에 미국 남부의 텍사스주는 엄청난 한파를 겪었어요. 텍사스주는 겨울에도 기온이 영하로 내려가지 않을 만큼 따뜻한 곳입니다. 그런데 지구 온난화의 영향으로 제트기류가 약해진 틈을 타고 북극 상공의 매우 차가운 바람이 내려오면서 -19 ℃의 한파가 텍사스주를 덮쳤습니다. 텍사스주 여러 지역의 발전 시설들이 고장나고 전기가 끊기면서 주민 수백만 명이 수 일간 추위에 떠는 어려움을 경험했습니다. 약 90년 만에 처음 경험하는 추위와 단전이 닥친데다, 따뜻한 미국 남부의 기후에 적합한 집 구조는 추위에 취약하여 큰 피해가 발생했습니다.

주민들은 임시방편으로 산이나 동네 근처에서 구한 나무와 아이들 장난감까지 난로에 집어 넣고 때면서 온기를 유지했어요. 엎친 데 덮친 격으로, 에너지 부족으로 물자 운송에도 차질이 생겨 텍사스 주민들은 식량을 구하기 위해 줄을 길게 서거나 식량을 구하지 못한 사람들은 굶주리게 되었습니다. 세계적인 부국 미국에서 일어나리라 생각하기 어려운 모습이었지요. 기후변화와 기상이변이 초래한 에너지 위기의 한 사례라고 할 수 있습니다.

물품을 구입하기 위해 길게 줄 서 있는 텍사스주 주민들

이렇듯 기후변화로 인해 에너지 네트워크가 장단기적으로 붕괴되는 문제는 에너지 구입 비용을 지불하기 어려운 저소득국가에서는 견디기 매우 어렵습니다. 최근 기후변화는 지구의 안정성이 무너지는 방향으로 진행하고 있어요. 이전까지 우리가 알던 어느 지역의 기후가 평균으로부터 점점 더 큰 폭으로 벗어나면서 최대값과 최저값이 주민들이 견디기 어려운 지경에까지 이르렀습니다. 전 세계 에너지 소비량의 약 30%는 주거용 냉난방을 위해 사용되는데, 기후변화가 커지면 일상생활에 필요한 냉난방 에너지 소비량이 더 증가하게 되지요.

신재생 에너지 발전의 장점과 단점

최근 한국을 포함, 세계 여러 나라에서 신재생 에너지 발전 용량을 늘리고 있습니다. 신재생 에너지는 석유나 석탄 발전에 비해 생산할 때 오염물질을 덜 배출하므로 친환경적입니다. 그러나 태양광 발전, 수력 발전, 조력 발전에 필요한 일사량, 풍속, 조수 간만의 차이는 시시각각으로 바뀝니다. 환경에 따라 발전량이 바뀌므로, 신재생 에너지로 적정한 전력량을 항상 제공하려면 필요한 전력보다 더 큰 용량의 발전 시설을 설치해야 합니다. 그리고 발전이 되지 않는 시간에도 전기를 사용하려면 전기를 저장하는 장치도 필요하지요.

수시로 신재생 에너지 발전량이 달라지면서 발생하는 문제는 발전량이 수요 전력보다 모자랄 때만 생기지 않습니다. 발전량이 수요 전력보다 너무 커서 전력망이 넘치는 에너지를 주체하지 못할 때도 문제가 발생하지요. 발전량이 수요 전력보다 커지면 전력 전송이 멈추게 되고, 지역들이 단전됩니다. 결론적으로 신재생 에너지 발전에는 수요와 공급을 그때그때 파악하고 상황에 맞게 제어하는 스마트 기술이 중요합니다.

저소득국가에서 에너지가 중요한 이유

에너지와 물 중 어느 것이 더 중요할까요? 이런 질문은 서로 상관이 없는 것들을 비교하는 것처럼 들립니다. 마치 사과와 오렌지 중 하나를 고르라는 질문과 비슷하지요. 당장 물이 없으면 사람이 생명을 유지하지 못하지만, 에너지가 없으면 불편하기는 하나 생명에는 지장이 없습니다.

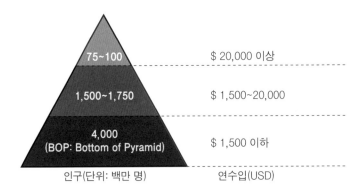

인구 피라미드. 소득이 낮은 인구가 아랫부분에 위치하며 수가 가장 많고, 소득이 높은 인구가 가장 꼭대기에 위치한다(출처: UN World Development Reports).

그런데 조금 달리 생각해보면 저소득국 환경에서는 물과 에너지가 할 수 있는 일과 중요성이 서로 연결되어 있습니다.

인구 피라미드 그림은 전 세계 인구를 일인당 소득 수준에 따라 위에서 부터 아래로 배치한 그림입니다. 대체로 삼각형 모양이 되므로, 인구 피라미드라는 이름이 붙었습니다. 한국은 삼각형의 윗부분에서도 가장 상단에 위치합니다. 인구 피라미드 아랫부분에 위치하는 저소득국가는 국민소득이 1,000달러대이며, 이를 하루 소득으로 환산하면 대략 2~3천 원 정도가 됩니다. 한국에서는 한끼 식사값도 안 되는 낮은 소득이지만, 저소득국가에서는 이 정도 금액으로 하루를 살아갑니다.

이런 저소득국가 주민은 생활에 필요한 에너지를 구입할 돈이 없고, 정부는 국민 모두에게 에너지를 안정적으로 제공할 능력이 없습니다. 도시에서는 전기가 나오지만, 거의 매일 몇 시간씩 단전이 됩니다. 관광객이 찾는 호텔이나 관광지는 디젤 발전기를 돌려서 전기가 끊기지 않도록 유지하지만, 시골로 가면 전기 보급률이 10%대로 떨어지지요. 90%에 가까운 지역에 전기가 전혀 들어오지 않으면 도대체 이런 곳에서는 어떻게 살 수 있을까요? 여러분처럼 언제든 전기를 사용하는 생활에 익숙한 사람들은 상상도 하기 어렵습니다.

다시 물과 에너지의 상대적인 중요성으로 돌아가 볼까요? 하나의 정답이 아니라 마을의 기후와 환경에 따라 서로 다른 답이 있습니다. 예를 들어 아열대 기후의 산악 지역이라면, 물이 풍부하고 농사를 짓기에도 큰

어려움이 없을 거예요. 이런 지역은 소수력 발전*을 하면서 전기를 생산
하고, 생산된 전기를 사용해 소득을 늘리는 편 | *소수력 발전 일반 수력 발전에 비해 발전
이 유리합니다. 반면에 건조한 열대 지방에서는 | 에 필요한 물의 양이 많지 않은 발전 방법.
발전 용량이 10 MW 이하이며, 이 책의 예에
서는 10~100 kW 규모를 대상으로 한다.
물을 구하기 어려우므로 태양광 발전이 적절합니다. 생산된 전기로 지하
수를 퍼 올리면 농사를 지을 수 있고, 사람들이 식량을 얻고 살 수 있는
지역이 됩니다. 이와 같이 저소득국가 사람들이 사는 데는 물이 더 중요
한 기반이지만, 에너지를 확보하면 물을 얻는 일이 가능해집니다. 그러
므로 '에너지 확보 → 물 확보 → 농업 발전 → 에너지 추가 확보'라는 선
순환 구조가 가능해집니다.

저는 솔라봉사단으로 활동하면서 2011년부터 네팔과 탄자니아에 작은
태양광 발전소와 소수력 발전소를 만들었습니다. 당시 주민들의 의견을
들어보면, 어느 마을이든 전기 에너지를 필요로 했고 더 큰 용량의 전기
에너지를 갖길 원했습니다. 발전량이 적으면 야간의 실내 조명이나 휴대
폰 충전이나 태블릿 형태의 TV를 보는 데 전기를 사용합니다. 그러나 시
간이 지나 마을 사람들이 점차 전기가 있는 환경에 익숙해지면 전기를 사
용하여 닭을 키우면서 소득을 창출하는 방법을 알게 되고, 전기를 더 많
이 사용하고 싶어 하게 되지요.

이렇듯 전기는 마을의 경제적, 환경적 개선과 지역의 발전에 아주 중요
한 요소로 작용하는 인프라입니다. 다행히도 에너지 선순환 구조를 시작
하는 데 필요한 '마중물 전기'를 만드는 건 생각보다 큰 비용이 필요하지
않습니다.

어떤 에너지가 적정할까?

저소득국가에서 필요한 전력량은 얼마나 될까요? 그리고 발전소를 만들려면 비용이 얼마나 필요할까요? 저소득국가 중에는 인구밀도가 세계 최고 수준인 방글라데시 같은 곳도 있고, 산간 사람들이 지역에 드문드문 흩어져 사는 네팔과 같은 곳도 있습니다.

환경 조건에 따라 유리한 발전 방법이 달라집니다. 아래 표와 같이 한국, 네팔, 탄자니아의 환경 조건을 비교해보면 위도, 고도, 강수량, 기후에 따라 적합한 발전 방법이 각기 다름을 알 수 있습니다.

적정기술의 관점에서 저소득국가의 신재생 에너지 발전 방법을 살펴

한국, 네팔, 탄자니아의 기후와 신재생 에너지 발전 방법 비교

	한국 남부	네팔 중부	탄자니아 북부
위도	북위 35도	북위 27도	남위 3도
고도	100~500 m	1,500~2,500 m	1,000~1,500 m
강수량	1,350 mm	950 mm	300 mm
기후	대륙성 기후	아열대 기후	열대 건조 기후
발전 방법의 유불리 비교	• 중위도이므로 태양광 발전이 불리하다. • 대륙성 기후로 겨울에는 기온이 영하로 내려가므로 소수력 발전이 불리하다. • 저풍량으로 풍력 발전이 불리하다.	• 저위도, 고산 지역이므로 태양광 발전이 유리하다. • 저위도, 아열대 기후로 소수력 발전이 유리하다. • 고산 지역에 풍량이 풍부하여 풍력 발전이 유리하나, 대형 구조물 운송이 어렵다.	• 적도, 고산 지역이므로 태양광 발전이 유리하다. • 수자원이 부족하여 소수력 발전이 불리하다. • 저풍량으로 풍력 발전이 불리하다.

보면, 한국에서 일반적으로 수행되는 발전 시스템에 비해 발전 용량이 상당히 작은 특징을 지닙니다. 예를 들어 우리나라에서 수력 발전이라 하면 소양강 발전소와 같이 길이가 500여 미터에 달하는 거대한 콘크리트 댐에 호수처럼 많은 양의 물이 저장된 광경을 떠올립니다. 그리고 풍력 발전기라면 지름이 60~100미터나 되는 거대한 터빈 날개를 생각하지요.

그러나 이러한 발전 시스템은 고가의 건설 비용과 고난도 기술이 필요하다는 면에서 적정기술이라 하기 어렵습니다. 한 기에 수십억 원 하는 1메가와트(MW)급 풍력 발전기와 1973년 완공 당시 138억 원이 들었던 소양강 댐 같은 40 MW급 수력 발전 시스템의 건설 비용을 외부의 도움 없이 조달하는 일은 저소득국가 국민들에게 불가능할 만큼 어려운 일입니다.

그러면 저소득국가에서 적정한 발전 규모는 어느 정도일까요? 보통 5~20 kW 전력이면 100~1,000명 주민이 사는 시골 마을을 하나의 발전소와 전력망으로 묶기에 적당합니다. 그리고 비용도 5천만~2억 원 정도

한국의 충주댐

인도네시아 롬복의
소수력 발전 시스템

로 초기에 정부 대 정부의 ODA(공적개발원조) 또는 NGO(비정부기구)가 투자 가능한 금액입니다.

참고로 1 kW는 가정용 헤어드라이어 한 대를 사용하는 데 필요한 소비전력입니다. 헤어드라이어 20대를 사용할 때 필요한 소비전력*인 20 kW으로는 무슨 일을 할 수 있을까요? 1,000여 명이 LED 조명, 휴대폰 충전, 간단한 전기 장치 등을 사용하는 일이 가능합니다.

*소비전력 전기를 사용하는 제품이 1초 동안 사용하는 에너지의 양으로, 단위는 W(와트)이다. 1초간 1 J의 전기 에너지를 쓰면 1 W이다.

전 세계에서 전기를 거의 사용하지 못하는 인구를 약 20억 명으로 추산할 때, 단순 계산으로 보면 주민 1,000명이 사용 가능한 규모의 발전망을 2백만 개 만들면 전기 문제는 해결 가능합니다.

독립 전력망이란 무엇일까?

마을에 독립적인 발전기와 전력망을 갖춘 시스템을 설치하는 일은 에디슨이 전기를 상용화하던 시대부터 지금까지 계속되고 있습니다. 선진국에서는 사람이 사는 국토 대부분을 하나의 전력망으로 묶어서 편리한 전기 서비스를 제공합니다.

우리나라를 예로 들면, 제가 어렸을 때는 몇 달에 한 번씩 밤중에 정전이 되어 촛불을 켜고 생활한 경험이 있습니다. 정전이 된 상태로 한두 시간이 지나면 전기가 다시 들어왔지요. 요즘은 전기의 품질이 좋아져서 정전이란 경험하기 어려운 일이 되었습니다. 그런데 근래에 선진국에서도 독립 전력망에 대한 요구가 논의되고 있습니다.

2021년에 미국 텍사스주에서 전기가 끊기기 얼마 전, 큰 태풍으로 뉴욕시 일부가 정전이 된 일이 있었습니다. 전력망 복구에 몇 주일이나 걸리면서 약탈까지 일어나 일시적으로 뉴욕시가 무정부 상태가 되었습니다. 전기가 주요 인프라인 선진국에서는 오히려 정전 후 3일 정도 지나면 응급 환자 병동, 상수도 시설, 통신망 등이 마비되므로 그 피해가 막대합니다.

그래서 선진국에서도 지역마다 자체적으로 발전기를 갖는 독립 전력망(off grid)에 대한 필요성이 커지고 있습니다. 예를 들어 한국의 전력망은 전국 여러 지역에 위치한 발전소들을 송전선으로 연결해서 각각의 가정이나 기업으로 전기를 보내게 되어 있어요. 그런데 발전소, 송전탑, 송전망을 만드는 데 비용과 노력이 많이 들어갑니다. 혹시라도 사고나 기후 재난으로 인해 발전 및 송전 시스템에 문제가 생기면 넓은 지역이 정전되는 단점이 있지요.

이와 달리 독립 전력망은 하나의 동네와 같이 좁은 지역에 규모가 작은 자체 발전소와 송전망을 설치하는 형태입니다. 비용이 적게 들고 문제가 생기더라도 다른 지역에 영향을 주거나 받지 않는 장점이 있습니다. 물론 단점도 있어요. 소규모 전력 시스템을 자체적으로 운영, 유지, 보수하는 기술과 비용이 필요하지요. 또한 만일에 정전 사태가 발생하면 이를 센서가 인지하고 다른 지역에서 전기를 끌어올 수 있는 스마트 그리드(smart grid)도 필요합니다.

스마트 그리드란 단순히 전력의 연결 여부를 말하는 게 아닙니다. 전력의 생산, 전송, 소비 및 시스템의 고장 등을 실시간으로 알 수 있고 제어가 가능한 지능화된 전력망을 뜻합니다. 선진국에서 사용하는 독립 전력망은 이미 설치된 국가 전력망에 연결 가능하며, 스마트 그리드로 만들면 전기 공급의 상태를 파악하고, 더 안정적으로 전기를 공급할 수 있습니다.

솔라봉사단이 펼치는 적정기술 활동

솔라봉사단은 저와 기독인 동아리(서울대 기계항공공학부, 현재는 기

2018년 iTEC-솔라봉사단이 탄자니아 북부 킬리만자로주에 10 kW급 태양광 스마트 그리드를 설치했다. 킬리만자로주는 지리적 위치가 남위 3도의 적도 근처로, 태양의 고도가 발전량에 중요한 영향을 주는 태양광 발전이 유리하다.

계공학부), 그리고 제 대학원 연구실이 조직한 단체입니다. 2000년부터 준비를 시작해 네팔, 탄자니아, 중국 등의 지역에 소규모의 신재생 에너지 발전 시설과 독립 전력망을 설치하는 적정기술 봉사활동을 하고 있습니다. 솔라봉사단은 코로나19 팬데믹 이전까지 한양대, 경상대(현재는 경상 국립대) 등과 연합하여 매년 발전소를 만들었고, 2021년까지는 탄자니아 이루샤에서 한국 – 탄자니아 적정기술 거점센터(현재는 글로벌 문제 해결 거점)를 운영해왔어요. 그동안 3 ~ 20 kW급 발전소를 10기 설치하고, 약 4,000여 명의 주민들에게 전기를 제공했습니다.

봉사단이 방문한 고산 지역은 도로 사정이 열악하여 봉사단이 장비를 갖고 마을까지 도착하는 일이 상당히 어려웠습니다. 그리고 전기의 필요 성을 깨닫지 못하는 마을 주민들에게 동기를 부여하는 일이 기술적인 문 제나 재정적인 문제를 해결하는 일보다 더 어려웠지요. 독립 전력망을 설 치하고 운영하는 과정에서 마을 주민들이 자치회를 만들고 발전소 및 전 력망 공사에 직접 참여하면서 주인의식을 갖게 되었고, 완성 후에는 자체 적으로 유지 보수하면서 잘 운영할 수 있게 되었습니다.

앞에서 설명한 한국의 스마트 그리드와 달리, 저소득국가의 독립 스마 트 그리드는 하나의 마을에 하나의 발전소와 송전망이 있으므로, 급격히 변하는 수요와 공급을 맞추는 제어상의 문제는 없습니다. 하지만 장치가 한번 고장나면 수리될 때까지 며칠씩 정전이 되었지요. 그러나 저소득국 가 오지의 주민은 아직까지 전기에 크게 의존하지 않는 생활을 하므로, 정 전이 된다고 해도 선진국과 같이 심각한 위기 상황이 닥치지는 않습니다.

백신 운반을 위한 에너지 생산

코로나19 팬더믹으로 그 어느 때보다도 세계적으로 백신의 중요성이 강조되고 있습니다. 그러나 저소득국가에 백신을 전달하는 문제는 코로나 팬데믹 이전에도 해결이 어려웠습니다. 백신을 전달할 때 가장 중요하게 고려할 사항은 백신이 온도에 민감하다는 점이에요. 정해진 온도 범위를 벗어나게 백신을 보관하면, 백신의 효과가 감소되거나 아예 없어지기도 합니다. 특정한 코로나 백신은 -70 ℃의 낮은 온도에서 보관해야 하지만, 백신 대부분은 보관 온도를 2~8 ℃ 사이로 유지하면 효능을 발휘할 수 있습니다.

백신은 대부분 선진국에 있는 공장에서 제조되고, 냉장 상태로 비행기에 실려 백신을 접종하려는 나라의 대도시 공항으로 옮겨집니다. 그리고 병원 등 전기가 나오는 시설에서 대량으로 보관되다가 더 작은 규모의 도시나 마을로 옮겨져 주민들에게 접종되지요. 이렇게 온도를 낮게 유지하는 전체 과정을 콜드체인(cold chain)이라 부릅니다.

그런데 저소득국가가 많은 열대 지방이나 아열대 지방에서는 온도를 유지하는 일이 쉽지 않습니다. 특히 여름에는 매우 어려워요. 앞에서도 말했지만, 저소득국가는 도시에서도 백신을 보관하고 이동하는 데 필요한 전기가 24시간 연속으로 공급되지 않기 때문에 콜드체인이 끊어지는 경우가 있습니다. 시골 지역에서는 백신을 얼음과 함께 아이스박스에 넣은 다음, 걸어서 백신을 운반하는 경우도 있어요. 얼음이 녹으면 백신 효

오토바이에서 생산된 전기를 이용하여 적정 온도를 유지하며 백신을 운반하는 휴대용 백신 냉장고(왼쪽)와 운반된 백신을 주민에게 접종하는 국제 백신연구소의 연구원(오른쪽)

능도 감소하지요. 콜드체인은 에너지 공급과 직접적으로 상관관계가 있습니다. 코로나19 팬데믹이 야기한 커다란 문제는 전 세계가 거의 동시에 감염병의 피해를 입었고, 전 세계 인구가 동시에 백신을 접종해야 하는 상황이라는 점입니다. 초유의 상황이지요.

솔라봉사단은 네팔의 시골 마을까지 콜드체인을 확장하기 위해 활동했습니다. 마을에 신재생 에너지 발전소를 만든 뒤 의료용 백신 냉장고를 설치하여 도시에 가지 않아도 백신 접종이 가능하도록 했어요. 또한 탄자니아 적정기술 거점센터와 함께 서울대학교 혁신설계 및 통합생산 연구실에서 개발한 휴대용 백신 냉장고를 네팔과 탄자니아 등에 보급했습니다.

휴대용 백신 냉장고는 오토바이나 자동차에서 생산된 전기 에너지를 사용하면서 백신을 목적지까지 운반하는 내내 적정 온도를 유지하도록 합니다. 덕분에 콜드체인을 고산 지역까지 확장하는 일이 가능해졌어요.

고도

대도시 백신
보관 시설

마을 병원 또는 보건소 :
신재생 에너지 발전소에서 생산한
전기로 백신을 냉장 보관한다.

자동차 또는 오토바이에서
생산된 전기로 휴대용 백신
냉장고를 가동하여 콜드체인을
고산 지역까지 확장한다.

저소득국가에서 확장된 콜드체인을 이용하여 백신을 전달하는 과정

SMS 문자 통신을 활용하면 인터넷 통신이 불가능한 저소득국가의 여러 지역에서 일어나는 백신의 이동 상황과 온도 변화를 세계 다른 지역에서 모니터링 할 수 있습니다.

지속가능한 기술, 적정기술의 장점

에너지가 인간에게 주는 유익은 다양합니다. 그러나 저소득국가에서는 에너지를 경험하지 못하므로 에너지로 할 수 있는 일을 생각하기 어려워요. 그러므로 저소득국가 주민이 에너지 사용을 경험하게 되면 에너지의 파급 효과가 더 커집니다. 여러 에너지 중에서 전기를 사용하면 야간 조명, 휴대폰 충전, TV 시청과 같은 문화생활이 가능해집니다. 그리고 지하수를 모터로 퍼 올려 식수 및 농업용수로 사용하고, 양계장을 만들어 소득을 늘릴 수 있지요. 이처럼 전기를 사용할 수 있는 환경이 되면 다양한 분야에서 주민들의 생활이 바뀝니다.

신재생 에너지를 생산하는 발전 시설은 제조와 폐기 시 오염물질을 발생시킬 수 있습니다. 그러나 자연에서 전기 에너지를 얻으므로 운영하는 동안에는 화석 연료를 사용하는 발전 시설보다 친환경적입니다. 저소득국가에서는 주민들의 소득이 많지 않으므로 신재생 에너지 발전 시설을 오랜 시간 동안 유지, 수리하면서 사용하려면 특별한 노력이 필요합니다. 예를 들면 한국에서는 필요하지 않은 선불제 지불 시스템과 같은 추가적인 노력이 필요하지요.

선불제 지불 시스템은 전기 요금을 미리 내면 사용할 수 있는 전력량이 스마트 미터에 충전이 되는 방법입니다. 전기 요금을 후불제로 하면 요금을 내지 않는 경우가 자주 발생하여 전체 전력 시스템을 유지하는 데 필요한 비용을 적립하지 못하는 문제가 발생합니다. 선불제 지불 시스템을 이용하면 이러한 문제를 해결할 수 있지요. 발전소가 마을 안에 가까이 있으므로, 발전소에 가서 전기 요금을 낼 수 있어요. 동아프리카에서는 휴대폰 문자 메시지로 결제하는 모바일 결제 시스템(p. 23에서 소개한 M-PESA가 대표적인 사례)을 사용하여 언제 어디서나 전기 요금을 지불할 수 있습니다.

이것이 바로 적정기술입니다. 교육을 많이 받지 않은 현지 사람들이 현지에서 쉽게 얻는 재료와 장치로 이러한 일을 지속가능하도록 하는 기술, 이것이 바로 적정기술의 특징이자 장점입니다.

안성훈 서울대학교 기계공학부 교수

항공우주공학으로 미시간대학교 학사, 스탠포드대학교에서 석사와 박사학위를 취득하고 스탠포드 대와 UC 버클리에서 기계공학 박사후 연구원, 경상국립대에서 조교수, 워싱턴대학교에서 방문학자로 지냈다. 2003년부터 지금까지 서울대학교 기계공학부에서 교수로 재직하며 설계와 제조에 대한 연구를 하고 있다. 2010년부터 네팔과 탄자니아의 고산 지역에 신재생 에너지 발전소와 그리드를 만들고, 생산된 전기를 이용한 지역 개발과 백신 콜드체인 확장의 연구 및 교육을 진행하고 있다. 국제 생산공학아카데미의 석학회원(fellow), 한국공학한림원의 일반회원이며 과학기술의 연구와 봉사활동으로 대통령표창과 과기부장관표창을 수상했다. 현재 적정기술학회 3대 회장과 한국정밀공학회 부회장을 맡고 있다.

fab.snu.ac.kr Email: ahnsh@snu.ac.kr

03
깨끗한 물을 만드는 기술

이원구

매일 우리는 알게 모르게 많은 양의 물을 소비하며

살아가고 있어요. 먹고 마시고 씻을 때만 물을

쓰는 게 아니라, 필요로 하는 물건이나 음식을

생산할 때도 많은 물을 사용하고 있습니다.

그래서 이 장에서는 우리가 평소 잊고 있던 물의

소중함에 대하여 다시 한번 생각해보려고 합니다.

그리고 물 문제 해결을 위해 적정기술이 어떻게

활용되는지도 알아보려고 해요.

생명을 유지하는 데 물과 음식 중 무엇이 더 중요할까?

인간은 체중의 60~70%가 물입니다. 그리고 음식물에 들어 있는 물을 포함하여 하루에 약 2리터의 물을 섭취해야 합니다. 인간은 물 없이 10일 이상 살기 힘들어요. 기온이 높으면 버틸 수 있는 기간이 더 짧아지지요. 그런데 물만 충분히 공급된다면 음식이 없어도 2개월간 생존이 가능합니다. 동물 중에는 인간보다 더 오래 생존하는 종류도 있습니다. 음식을 먹지 않아도 황제펭귄은 4개월을, 갈라파고스 거북은 1년을 살 수 있지요. 작은 곤충 중 어떤 종류는 5년 넘게 음식 없이 살 수 있다고 해요.

SF 영화 〈매드맥스: 분노의 도로(2015)〉를 본 적 있나요? 매드맥스를 보면 핵전쟁으로 멸망한 미래 사회에서 얼마 남지 않은 물과 에너지를 차지한 사람이 큰 권력을 지니고 세상을 지배합니다. 이처럼 인간 생존에 물은 매우 중요합니다. 그리고 2019년에 전주 MBC에서 방영한 다큐멘터리 〈물의 반란〉을 보면 물이 얼마나 소중한지 생각해볼 수 있습니다.

물에 대해 알아보자

물은 동물이나 식물이 생존하는 데 필요한 에너지를 공급하지는 않습니다. 그러나 모든 생명체를 구성하는 기본 단위인 세포의 질량 중 70~80%를 차지합니다. 물은 생명체 안에서 일어나는 모든 생화학 반응의 용매로 작용합니다. 또한 우리에게 필요한 영양소나 호르몬 등을 운반하는 역할과 노폐물을 운반하여 몸 밖으로 배출하는 역할을 하는 매우 중요한 물질이에요.

주위에 있는 많은 물질과 비교해보면, 물은 매우 독특한 성질이 있습니다. 물 분자들은 수소결합이라는 독특한 결합을 형성하므로 물 분자들 사이에는 매우 큰 인력이 작용해요. 따라서 액체 상태로 존재하는 물 분자를 기체 상태로 만들기 위해서는 매우 큰 에너지가 필요합니다. 그러한 이유로 물의 분자량은 18(g/mol)로 작지만, 물의 끓는점은 100 ℃로 매우 높습니다. 물보다 분자량이 큰 에탄올(46 g/mol)의 끓는점이 78 ℃인 것과 비교해보면 물이 독특한 성질을 지님을 알 수 있어요.

인간은 체온이 약 36.5 ℃로 유지되어야 생명을 유지할 수 있습니다. 우리가 기온이 50 ℃인 중동의 어느 나라를 여행하거나, 기온이 −50 ℃인 알래스카를 여행한다고 한번 생각해보세요. 외부 기온의 차이가 100도 가까이 되더라도 생명 유지에는 큰 문제가 없어요. 그러나 체온이 정상 체온보다 3도 정도 올라가거나 내려가면 생명이 위험해집니다. 그래서 가끔은 만약 인간의 몸이 물이 아닌 다른 물질로 채워져 있다면 무슨 일이 벌어질까 하는 상상을 해봅니다.

물의 온도를 올리려면 많은 에너지가 필요해요. 1 g의 물을 1 ℃ 올리는 데 1 cal의 에너지가 필요합니다. 즉 물의 비열은 1(cal/g·℃)로 매우 큽니다. 금속들은 일반적으로 에너지를 가하면 온도가 빠르게 올라가는데 물은 그렇지 않아요. 그 덕분에 지구에서 생명체가 살아갈 수 있지요.

생명체 내부와 지구 표면 대부분은 물로 채워져 있으므로, 외부에서 에너지가 공급되어도(예를 들어 태양에서 빛에너지가 공급되어도) 물의 온도는 천천히 올라갑니다. 따라서 일 년 중 해수 온도가 가장 높은 때가 가장 더운 여름이 아니라, 가을인 거예요. 만일 생명체 내부가 외부에서 공급되는 에너지량에 따라 온도가 쉽게 변하는 물질로 채워져 있다면, 에너지가 많이 공급되면 체온이 급격히 올라가고, 에너지가 공급되지 않으면 체온이 급격히 떨어질 거예요. 이런 일이 반복되면 생명 유지가 어려워집니다. 따라서 우리는 인간을 포함한 지구상의 생명체가 물로 이루어져 있어서 온도를 일정하게 유지할 수 있음을 고마워해야 합니다.

위와 같이 물이 생명 유지에 매우 중요하므로, 새로운 행성을 탐사할 때 가장 중요하게 여기는 일 역시 물의 존재 또는 과거에 물이 존재했던 흔적을 찾는 것이에요.

지구에는 물이 얼마나 있을까?

지구 표면의 약 3/4은 물로 덮여 있습니다. 한국에서는 강을 쉽게 볼 수 있고, 수도꼭지만 틀면 물이 펑펑 나오므로 물이 부족하다는 생각을 하기가 어렵습니다.

하지만 지구를 덮고 있는 물 대부분은 바닷물(전체 물의 96.5%)로 마실 수 없는 물입니다. 호숫물이나 강물은 마실 수 있는 물의 극히 일부분

(1% 미만)이에요. 생명체가 필요로 하는 물 대부분은 빙하 형태거나 눈에 보이지 않는 지하수 형태로 존재합니다. 그러나 지난 몇십 년 동안 농업용수와 식수로 사용하기 위해 인간이 지하수를 과도하게 퍼 올렸기 때문에, 전 세계 많은 곳에서 강물이나 호숫물이 마르는 현상이 나타나고 있습니다. 지구에서 사용되는 물의 약 70%가 농업용수로 사용되며, 우리가 사먹는 생수가 어디서 오는지 생각해보면 쉽게 이해할 수 있겠지요? 지표에 있는 물이 땅속으로 스며들어서 지하수가 되기까지는 오랜 시간이 걸립니다. 그런데 지하수를 퍼내는 속도가 이보다 빠르기 때문에 평형이 깨지면서 물이 마르게 됩니다.

통계적으로 전 세계 인구의 1/3이 안전한 식수를 구하는 데 어려움을 겪고 있습니다. 지금과 같은 상태가 계속되면 2050년에는 전 세계 인구의 50%(약 40억 명)가 물 때문에 고통을 받게 된다는 예측이 있어요. 이는 저소득국가뿐만 아니라 선진국에서도 물 문제가 심각한 문제가 될 수 있다는 걸 의미합니다.

유엔은 2003년을 세계 물의 해로 정하고, 지속가능한 물의 이용과 함께 물의 관리 및 보존에 대해 캠페인을 진행했습니다. 그리고 매년 물의 중요성을 주제로 다양한 행사를 진행하면서 많은 사람들에게 물의 중요성을 알리고 있어요. 지구상에 존재하는 물 중에서 바로 이용 가능한 물의 양은 매우 적습니다. 지구상에 존재하는 모든 물을 5리터 용기에 담는다고 가정하면 이용 가능한 담수의 양은 찻숟가락 하나밖에 안 된다고 합니다. 그러므로 물을 효율적으로 이용하고 또 오염되지 않도록 노력하는 일이 매우 중요합니다. 이러한 일은 어느 한 나라만 노력한다고 해결되지 않습니다. 때문에 많은 나라들의 협조가 필요하지요.

큰 강은 여러 나라를 거쳐 흐르다 바다로 흘러갑니다. 만일 상류에 있는 나라에서 큰 댐을 만들어 물을 가두면 하류에 있는 나라에서 큰 피해를 보게 되겠지요? 그리고 상류에 있는 나라에서 강물을 오염시키면 하류에 있는 나라들에게 피해를 주게 됩니다. 관련된 국가들이 협력하지 않고서는 물 문제를 해결하기가 매우 어렵습니다. 그래서 최근 지구 곳곳에서는 물 자원을 확보하기 위하여 이웃 나라와 갈등이 생기는 일도 빈번하게 일어나고 있어요.

아프리카에 위치한 에티오피아, 이집트, 수단에서는 나일강을 두고 분쟁이 있습니다. 에티오피아는 나일강 상류에 있는데, 만성적인 전력 부족에 시달립니다. 그래서 댐을 건설하여 수력 발전소를 지어서 전기 수요를 충당하고자 하지요.

문제는 나일강 하류에 위치한 수단과 이집트에 일어났습니다. 댐 건설로 인해 나일강 유량이 줄면서 나일강을 식수원이나 농업용수로 사용하는 수단과 이집트 사람들은 생계에 위협을 받게 되었지요. 유엔환경계획에서는 이들 세 국가에 원만한 합의를 촉구하지만, 문제 해결은 쉽지 않습니다. 수자원을 두고 벌어지는 이러한 국가 간 분

나일강 주변 국가들-에티오피아, 이집트, 수단

쟁은 앞으로 더 심화될 예정입니다. 생존권이 걸린 문제로 쉽게 해결되기 어렵지요.

왜 물 부족 문제가 심화되고 있을까?

세계 여러 곳에서 물 부족이 심화되는 원인은 여러 가지이나, 그중 가장 심각한 원인은 농사를 짓기 위해서 지하수를 과도하게 퍼냈기 때문입니다. 지하에 있는 수맥은 마치 땅속을 흐르는 강과 같아서 여러 지역으로 연결되어 있습니다. 어느 한 지역에서 지하수를 끌어 올려서 사용하면 그 지역만이 아니라 지하수 수맥이 연결된 다른 지역에서도 물 부족 현상을 겪을 수 있습니다.

대표적인 사례로 아랄해를 꼽을 수 있습니다. 아랄해는 동서남북으로 약 300킬로미터에 이르는 큰 바다로, 지구상에서 가장 큰 내륙의 바다였습니다. 그런데 약 50년만에 지도에서 거의

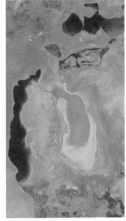

1989년의 아랄해(왼쪽)와 2008년 아랄해(오른쪽) 비교. 아랄해가 점차 사라지고 있다.

사라질 운명이 되었습니다. 아랄해 주변 지역은 주로 농업 지대로, 농업에 필요한 지하수를 과도하게 퍼올리면서 아랄해로 들어오는 강물 양이 줄어들었어요. 그 결과 아랄해 면적은 점점 감소했습니다.

● 물 부족의 원인은 기후변화

물 부족이 심화되는 또 하나의 원인은 바로 기후변화입니다. 산업혁명 이후 화석 연료 사용량이 증가하면서 대기 중 이산화탄소의 양이 계속 증가했습니다. 이로 인하여 지구 온도가 서서히 상승했지요. 그 결과 해수 온도가 상승하고 더욱 많은 수증기가 증발하면서 강력한 태풍이 발생하거나 국지적인 폭우 현상이 나타나고 있습니다.

요즘 뉴스를 보면 지구 한쪽에서는 폭우가 내리고, 다른 한쪽에서는 가뭄이 일어나고 있습니다. 한국의 강수량은 세계 평균의 약 1.3배이나, 높은 인구밀도로 인하여 1인당 강수량은 세계 평균의 약 12%에 불과하지요. 게

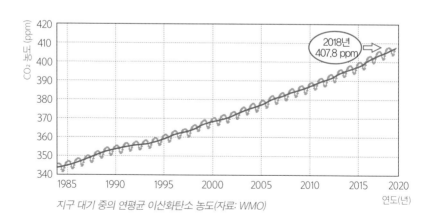

지구 대기 중의 연평균 이산화탄소 농도(자료: WMO)

다가 연강수량의 대부분이 여름 한철에 내리므로 여름에는 홍수가 나고, 다른 계절에는 물 부족 현상이 일어납니다. 일 년 내내 비가 고루 내리면 빗물을 가둬두고 효율적으로 이용 가능합니다. 그러나 짧은 시간 동안 많은 양의 비가 내리면 물 대부분이 강을 통해서 바다로 다시 흘러가므로 빗물을 이용하기가 어려워집니다.

삶의 질은 매일 사용 가능한 물의 양과 밀접한 관계가 있습니다. 일반적으로 소득이 증가할수록 물의 수요가 증가하게 되지요. 따라서 국가는 사람들이 원하는 만큼 물을 공급하기 위해 노력해야 합니다. 약 30년 전만 해도 물은 무한히 공급 가능한 자원으로 인식되었고, 아무도 물이 부족해지리라 생각하지 않았어요. 그런데 지금은 우리가 사먹는 생수 중에는 같은 부피의 휘발유보다 더 비싼 것도 있습니다. 과거에는 상상도 못했던 일이

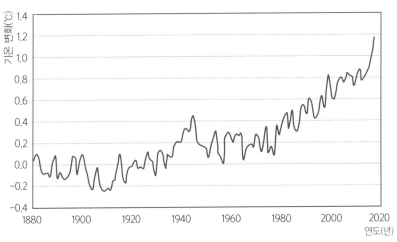

산업화 이전부터 현재까지 세계의 온도 변화 (자료: NOAA, NASA, UKMet office/CRU)

에요. 세계적인 미래학자 앨빈 토플러는 20세기가 석유의 시대였다면 21세기는 물의 시대가 될 거라 전망했습니다. 따라서 미래에는 물 자원을 확보하는 국가가 힘이 센 국가가 된다는 예측도 있지요(참고로 한국은 물 부족 국가로 분류되어 있어요).

● 기후변화가 초래하는 국지성 호우

지난 100년간 지구 온도는 약 0.7 ℃ 상승했고, 한국은 약 1.5 ℃ 상승했습니다. 한국의 기온 상승량이 지구의 기온 상승량의 2배가 넘습니다. 지금과 같이 지구 온난화가 진행된다면 21세기 동안 지구 온도는 약 4 ℃ 더 높아지고, 강수량은 약 30% 증가하리라 예측합니다.

그럼 지구의 온도 상승과 강수량과의 관계를 생각해볼까요? 지구의 온

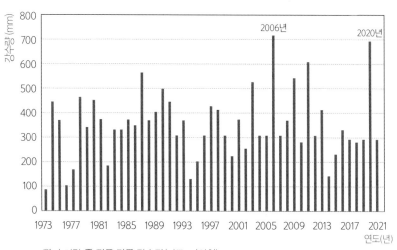

장마 기간 중 전국 평균 강수량(자료: 기상청)

도가 높아지는 현상은 육지 온도는 물론 해수 온도도 상승함을 의미합니다. 해수 온도가 상승하면 그만큼 대기 중으로 증발하는 수증기 양이 증가하고, 따라서 더욱 많은 구름이 만들어집니다. 그렇게 형성된 구름은 언젠가 비가 되어 내리지요. 지구 표면에 비가 고르게 온다면 문제가 안됩니다. 그런데 요즈음 한정된 지역에 국지성 호우가 내리는 일이 잦아지고 있어요.

국지성 호우란 한정된 일부 지역에서 많은 비가 한꺼번에 짧은 시간 동안 내리는 현상을 말합니다. 지난 40년간 한국의 기상 데이터를 분석해 보면 강수량이 점차 증가하며, 국지성 호우 역시 점점 증가하고 있습니다. 전문가들은 국지성 호우가 잦아지는 이유로 지구 온난화를 지목하고 있습니다. 그래서 지구 전체로 보면 기후변화를 넘어서 기후위기 상황이라고 주장하는 사람들도 있어요.

최근 유럽과 중국에서 국지성 호우가 내려 많은 희생자가 생기고 커다란 재산 피해도 발생했습니다. 2021년 7월에 중국에서 태풍의 영향으로 국지성 호우가 내렸는데, 겨우 삼사일 동안 내린 비의 양이 그 지역의 1년 강수량보다 훨씬 커서 큰 피해가 발생했습니다. 한국이 속한 북반구의 경우, 이러한 현상이 여름에는 폭우로 나타나고 겨울에는 폭설로 나타납니다. 그런데 이러한 기상이변은 예측이 어려우므로 위험합니다. 요즘은 날씨 예측을 위해 슈퍼컴퓨터를 이용하지만, 갑자기 발생하는 폭우는 슈퍼컴퓨터로도 예상하기 매우 어렵다고 합니다.

물이 부족하면 무슨 문제가 생길까?

물은 생명의 근원이고 생명 유지를 위해 꼭 필요합니다. 그래서 물이 부족한 곳에서는 물 확보를 위해 전쟁도 마다하지 않지요.

통계로 보면 지구 곳곳에서의 인구 증가 속도가 식량 생산의 증가 속도를 앞지르고 있어요. 이는 가까운 미래에 식량 부족 현상이 생길 수 있음을 의미합니다. 식량 생산을 위해 꼭 필요한 게 뭘까요? 바로 물입니다. 물은 식량 생산을 위한 농업용수로 가장 많이 사용됩니다. 미래에 지하수 부족으로 농작물 생산이 줄어들면 식량 확보를 위한 노력이 더 심화되리라 예상합니다.

한국은 현재 필요 식량의 3/4 정도를 외국에서 수입합니다. 만약 곡물 생산량이 줄면서 곡물 값이 오르면 그만큼 우리가 지불할 돈도 증가하겠지요? 이런 상황에 대비하여 필요 식량을 국내에서 모두 생산한다고 가정해봅시다. 그러면 지하수를 더 많이 이용하게 될 테고 곳곳에서 강이나 호수의 물이 마르는 현상이 일어날 거예요. 이처럼 물 문제는 간단히 해결하기 어렵습니다.

아프리카 시골에 사는 수백만 명의 사람들은 식수원으로부터 수 킬로미터 떨어진 곳에서 살고 있습니다. 걸어가면 왕복 서너 시간이 걸릴 만큼 먼 거리예요. 물을 구해오는 일은 대부분 힘이 약한 여성이나 어린이의 몫입니다. 물을 구하느라 학교에 가지 못하는 어린이도 많습니다. 가난에서 벗어나려면 교육이 매우 중요하지만, 물이 부족하면 교육의 기회도 가지지 못하게 됩니다. 이처럼 물 문제는 단순히 먹는 물의 부족에 그치지 않고, 여성 문제나 교육 문제처럼 매우 복잡한 문제를 초래합니다.

또한 깨끗한 물이 부족하면 공중보건에도 문제가 생깁니다. 오염된 물을 마시면 수인성 질병에 걸릴 가능성이 높아지고, 환경을 위생적으로 유지하지 못해 질병에 걸리기 쉽게 되지요. 이런 문제에 관심을 가지는 단체나 사람들이 나서서 여러 가지 해결책을 제공하고 있지만, 모든 문제를 해결하기에는 역부족입니다.

적정기술로 물 문제를 해결하자

적정기술은 지구상의 여러 곳에서 일어나는 물 문제를 해결하는 방법으로 활용되고 있습니다. 특히 아프리카나 동남아시아의 저소득국가에는 물 문제가 심각한 곳이 많습니다. 경제 사정이 열악한 지역이므로, 물 문제를 해결하는 데 필요한 재원이 부족한 경우가 많지요. 따라서 경제적으로 물 문제를 해결할 방법이 필요합니다.

물 문제를 해결하는 적정기술의 대표적인 예로는 휴대용 개인정수기 라이프스트로우(LifeStraw). 먼 곳으로 물을 쉽게 운반하는 Q드럼(Q-drum), 머니메이커 펌프(MoneyMaker Pump) 등이 있습니다. 라이프스트로우와 Q드럼은 이 책의 1장에서 자세히 설명했으니, 이를 참조하면 좋겠습니다. 이 장에서는 머니메이커 펌프에 대해 좀 더 알아보겠습니다.

비영리 사회적 기업인 킥스타트(KickStart)가 개발한 머니메이커는 농사를 지을 때 유용하게 사용하는 도구입니다. 발로 밟아서 지하수를 끌어올리도록 설계되었습니다. 처음 출시되었을 때는 80달러(USD)라는 다소 비싼 가격 때문에 아프리카 농부들에게 적절한지 의문이 있었어요. 그러나 머니메이커를 빌려 써 본 사람은 손쉽게 농장을 일구었고, 왜 돈을 모아야 하는지, 어떻게 하면 좀 더 효과적으로 농장을 개발할지를 생각하기 시작했습니다. 머니메이커는 아프리카 주민에게 19만여 대 이상 팔렸고, 60만 명이 넘는 사람이 절대빈곤에서 탈출하는 계기가 되었습니다. 적정기술의 성공 사례로 꼽히고 있지요.

슈퍼 머니메이커 펌프

이외에도 현지 사정에 알맞고 누구나 사용 가능하며 환경친화적인 적정기술이 많이 고안되고 있습니다. 다음에서 몇 가지를 더 소개하려고 합니다.

● 세라믹 도자기 정수기

저소득국가에서 공공수도가 들어가는 대도시를 제외한 대부분의 가정에서는 빗물이나 호숫물을 먹는 물로 사용합니다. 물 항아리에 물을 담아두고 불순물을 가라앉힌 다음, 먹는 물로 이용하지요. 그러나 정수 과정이 불완전하고 물을 한참 저장해두므로 수인성 질병의 원인이 되는 경우가 많습니다. 이러한 문제를 해결하기 위한 제품이 바로 세라믹 도자기 정수기입니다. 세라믹 도자기 정수기는 미국의 비정부기구(NGO)와 오스트레일리아의 NGO가 합작 개발한 제품으로, 캄보디아 지역에서 널리 사용되고 있습니다.

만드는 방법은 다음과 같습니다. 그 지역에서 쉽게 구할 수 있는 흙과 왕겨를 섞어 도자기 반죽을 만듭니다. 도자기 반죽을 800 ℃ 이상 온도에서 초벌구이하여 왕겨를 탄화시킵니다. 그러면 도자기에 기공이 생기면서 도자기 필터가 만들어집니다. 세라믹 도자기 정수기에 빗물이나 깨끗한 호숫물을 담아두면 미생물이 99% 이상 제거되고, 시간당 약 2리터의

캄보디아 지역에서 광범위하게 사용되는 가정용 세라믹 도자기 정수기

먹는 물 생산이 가능합니다. 세라믹 도자기 정수기는 10 ~ 20달러(USD) 가격에 보급되고 있습니다.

● 새로운 개념의 책 정수기

2008년에 캐나다 맥길대학교 화학과 박사 과정생 테레사 단코비치 (Theresa Dankovich)는 저소득국가의 식수 문제에 대한 세계보건기구의 보고서를 읽게 되었습니다. 너무 많은 사람이 깨끗한 먹는 물을 구하지 못해 질병에 노출되고 사망에 이른다는 내용이었지요. 그녀는 이러한 문제를 해결하기 위해 작은 프로젝트를 시작했습니다. 프로젝트의 목표는 저소득국가 사람들이 깨끗한 물을 쉽고 빠르고 저렴하게 얻는 방법을 찾는 것이었지요.

오랜 연구 끝에 단코비치는 은나노 입자로 코팅된 종이 필터 개발에 성공했고, 이 필터가 유해물질을 효과적으로 제거함을 알게 되었습니다. 그래서 강물, 냇물, 샘물 등을 대상으로 필터의 성능을 테스트하면서, 종이 필터로 대장균, 콜레라균, 장티푸스균과 같은 유해 세균을 99.9% 제거 가능하다는 결과를 얻었습니다.

단코비치의 연구를 알게 된 미국의 NGO 워터이즈라이프(WaterisLife)는 그

은나노 입자로 코팅된 종이 필터를 개발한 단코비치

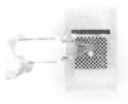

책 정수기
드링커블 북

녀를 지원했고, 그래픽 디자이너 브라이언 가트사이드는 단코비치가 개발한 종이 필터를 엮어서 책으로 만들었습니다. 그야말로 책과 물을 결합한 새로운 개념이에요. 책을 구성하는 책장 한 장 한 장은 오염물을 제거하는 필터로 이용됩니다. 2016년에 설립된 스타트업 회사 폴리아워터는 이러한 아이디어를 이용하여 '드링커블 북(Drinkable Book)'이라는 제품을 대량 생산하고 있습니다.

드링커블 북은 책장을 뜯어서 틀에 끼운 뒤 물을 부으면 물이 종이 필터를 통과하면서 깨끗한 물만 아래로 떨어집니다. 정수 과정이 매우 간단하여 누구나 드링커블 북을 쉽게 사용할 수 있어요. 드링커블 북의 책장에는 중간에 뜯는 선이 있어서 필터 2장으로 사용 가능합니다. 뜯어낸 필터 한 장으로 물 100리터를 정수할 수 있지요. 드링커블 북 한 권은 20

장의 필터로 구성되므로, 책 한 권으로 깨끗한 물 2,000리터를 얻을 수 있답니다. 이는 성인 한 사람이 4년간 마시는 물의 양에 해당합니다.

현재 드링커블 북 한 권을 만드는 데 약 10달러(USD)가 필요합니다. 정수 필터가 필요한 사람에게 이 책을 보급하기 위해서는 상당히 많은 비용이 들지요. 그래서 폴리아워터는 제작 비용을 낮추기 위해 노력하고 있습니다. 드링커블 북에 관심 있는 독자는 유튜브 코리아 채널에서 〈남이섬 물의 날 워터이즈라이프 캠페인〉을 찾아 보길 권합니다(https://www.youtube.com/watch?v=W9w940_z8O0).

● 햇빛을 이용한 정수 장치 솔라색

솔라색(SolarSack)은 덴마크의 올
보르대학교 대학생 2명이 아프리
카 저소득국가 주민들을 위해 개발
한 정수 장치입니다. 태양열과 함께
UVA(장파장 자외선)와 UVB(중파장
자외선)을 이용해 물속의 병원균을
제거합니다. 4리터 용량의 솔라색 하
나를 만드는 데 약 260원이 들고, 물 4
리터를 정수하는 데 4시간 정도 걸립
니다. 정화 과정이 완료되면 솔라색
에 해 모양의 그림이 나타난다고 해

햇빛으로 물속 세균을 제거하는 솔라색

요. 솔라색은 물속의 병원성 박테리아를 99.9% 제거합니다. 그리고 사용방법이 간단하고 저렴하며 휴대가 가능한 장점이 있습니다. 또한 여러 번 사용 가능하므로 매우 경제적인 정수 장치입니다.

● 행복한 대야

이번에는 한국의 디자인 스튜디오에서 일하는 디자이너들(김우식, 최덕수)이 개발한 정수 장치를 소개하려고 합니다. 바로 '행복한 대야(Happy Basin)'입니다. 행복한 대야는 모자처럼 보이기도 하고, 뒤집어 놓으면 대야처럼 보이기도 합니다. 물 위에 놓아두면 가장자리에 공기층이 생겨서 물 위에 뜨게 됩니다. 오목한 아랫부분에는 나노 필터가 붙어 있고 물이 나노 필터를 거치면서 정수되지요. 정수된 물은 행복한 대야 안쪽에 고이게 됩니다.

행복한 대야는 저렴하고 쉽게 제작 가능하며 무게도 가볍습니다. 편리하게 이용 가능한 제품이지요. 햇빛이 강한 지역에서는 모자로도 사용 가능하므로 일석이조랍니다.

행복한 대야

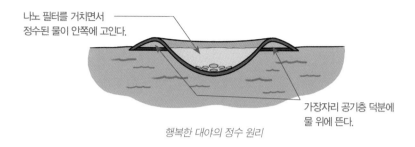

나노 필터를 거치면서
정수된 물이 안쪽에 고인다.

가장자리 공기층 덕분에
물 위에 뜬다.

행복한 대야의 정수 원리

물 문제를 해결하려는 노력에 동참하자

세상에는 수많은 문제가 있습니다. 그중 물 문제는 기후 문제와 함께 모든 사람들이 머리를 맞대고 해결책을 고민해야 할 문제입니다. 왜냐하면 물 문제는 식량, 위생, 교육 등 여러 문제와 연결되어 있기 때문이에요. 물 문제 해결을 위해 중동의 부유한 나라에서는 바닷가에 '해수 담수화 공장'을 건설합니다. 바닷물을 먹는 물로 만드는 공장입니다. 하지만 이런 방법은 돈이 매우 많이 들고, 대부분의 나라에서는 생각조차 하기 어렵습니다.

이 장을 통해 물이 얼마나 소중한 자원인지 생각해보길 바랍니다. 그리고 다양한 물 문제를 해결할 수 있는 좋은 아이디어를 고안해보길 바랍니다. 현재 우리는 식량 1톤을 얻기 위해 물 1,000톤을 사용하고 있어요. 물 발자국(water footprint)이라는 말을 들어봤나요? 제품을 생산할 때 직간접적으로 사용하는 물의 총량을 나타내는 말이에요. 쌀(1 kg)의 물발자국은 2,497리터, 닭고기(1 kg)의 물발자국은 4,325리터, 돼지고기(1 kg)의 물발자국은 5,988리터입니다. 또한 소고기(1 kg)의 물발자국은 15,415리터, 초콜릿(1 kg)의 물발자국은 무려 17,196리터나 됩니다. 엄청난 양이지요? 앞으로는 농업 및 목축 분야에서 적은 양의 물로 최대의 식량을 생산할 방법을 찾아야 합니다.

그리고 일상생활에서 물을 사용할 때 어떻게 하면 물을 낭비하지 않을지 고민해보세요. 적정기술을 활용하여 해결 방법을 생각해내면 더욱 좋겠지요. 여러분 모두 물발자국을 생각하면서 물을 소비하는 습관을 가지길 바랍니다.

이원구 서강대학교 화학과 교수

서강대학교 화학과에서 학사와 석사학위를, 미국 일리노이대학에서 유기화학 박사학위를 취득했다. 이후 캘리포니아대학교 버클리캠퍼스에서 박사후 연구원으로 재직한 뒤 1993년부터 서강대학교 화학과의 교수로 재직하고 있다. 식물들이 만드는 화합물인 알칼로이드 계열의 합성방법을 연구하였고 최근에는 친환경 유기화학 반응을 연구하고 있다. 2010년부터 캄보디아 및 베트남의 대학을 도와주는 사업에 참여하였고 2016년부터는 한국 교육부의 지원으로 인도네시아 족자카르타의 사나타다르마대학교에 화학교육과를 설립하는 사업의 책임자로 활동했다. 그 공로로 2018년에 교육부 장관의 표창을 받았다.

Email: wonkoo@sogang.ac.kr

페트병 정수기 만들기

준비물

페트병 2개, 세척한 작은 자갈, 세척한 모래, 잘게 부순 숯, 솜, 거즈, 칼이나 가위, 고무줄

만드는 방법

정수기를 만든 재료 중 자갈과 모래는
오염물질을 걸러주고, 잘게 부순 숯은
오염물질을 흡착시킨다. 뭉친 솜도
오염물질을 걸러주는 여과 작용을 한다.

① 가위나 칼로 페트병을 자른다. 페트병 하나는 바닥
부분을 자르고, 나머지 하나는 입구 쪽을 자른다.
② 바닥 부분을 자른 페트병의 입구 부분을 거즈로 씌
우고 고무줄을 묶어 막는다.
③ 입구 쪽을 자른 페트병에 ②의 페트병을 끼워 세운다.
④ 페트병 가장 아래쪽에 뭉친 솜을 채워서 내용물이
빠져나오지 않게 한 뒤, 모래, 잘게 부순 숯, 모래, 잘
게 부순 숯, 모래를 번갈아 2 cm 높이로 넣는다. 맨
위쪽에는 작은 자갈을 채운다.
⑤ 페트병 정수기를 완성한 뒤, 깨끗한 물을 여러 번 부
어서 먼지와 숯가루를 제거한다.
⑥ 흙탕물을 페트병에 붓고 아래쪽으로 나오는 물이 깨
끗해졌는지 확인한다.

결과 및 더 알아보기

① 위 방법으로는 물속에 포함된 세균들을 제거할 수는 없다. 따라서 부유물이 제거된 물
은 다시 UV나 화학적 처리를 해서 세균을 없애야 안전하게 마실 물을 얻을 수 있다.
② 정수장에서는 각 가정에 깨끗한 물을 보급하기 위하여 어떤 과정을 거쳐서 강물을 정
수하는지 알아보자.

04
코로나19의 공습,
적정기술로 이겨낸다

신관우

2020년에 발생한 코로나19가 전 세계를 공포로
몰아 넣었습니다. 첫 발병이 보고된 후 6개월만에
코로나19는 전 세계로 확산되고 변이를 거듭하며
인류를 괴롭혔습니다. 그러나 과학자들은 손을 놓고
숨지 않았습니다. 확진자 격리 및 추적, 마스크 및
소독제의 개발에 힘을 보탰습니다. 무엇보다도
백신을 신속하게 개발하면서 인류 최대의 팬데믹을
과학으로 극복하는 세상을 만들고 있습니다.

2019년 12월 31일에 중국 우한시 보건위원회는 '바이러스 집단 감염에 의해 발병한 폐렴' 사례를 보고했습니다. 이 바이러스는 코로나바이러스의 한 종류로, 급성 폐렴을 일으키는 신종 바이러스였습니다. 코로나바이러스란 사스(SARS, 중증급성호흡기증후군), 메르스(MERS, 중동호흡기증후군)을 일으키는 바이러스입니다. 사람과 동물의 호흡기로 전염되며 열과 기침 등의 증상을 일으키지요.

세계보건기구(WHO)가 신종 코로나바이러스의 존재를 확인한 뒤 불과 한 달 만에 중국 외 18개국에서 82건의 감염 사례가 발생했습니다. 신종 코로나바이러스 감염증(코로나19)에 대한 정보가 전혀 없었기 때문에, 백신은 물론 적절한 치료법도 없었고 전 세계는 공포에 휩싸였습니다. 결국 2020년 3월 12일에 WHO는 코로나19에 대해 최대 경보 단계인 팬데믹*을 선언했습니다. 팬데믹 선언 후로도 코로나19는 중국 인접 국가인 한국, 일본뿐 아니라, 독일,

* 팬데믹 (pandemic) 세계적인 전염병의 유행이 한 국가나 지역사회를 넘어 발생한 상황.

이탈리아, 스페인, 북미 등 전 세계로 빠르게 번졌습니다. 2021년 7월 말 기준으로 세계 인구 중 2억 명이 감염되었고, 4백만 명이 넘는 사망자가 발생했습니다.

지난 100년간 크고 작은 팬데믹이 있었습니다. 2012년 메르스나 2009년 신종플루는 비교적 작은 규모의 팬데믹입니다. 2020년에 전 세계를 공포로 몰아넣은 코로나19에 비교할 만한 팬데믹은 100년 전에 발생한

스페인독감을 꼽을 수 있습니다. 스페인독감은 1918년에 시작되어 2년간 지속되면서 5천만 명이 넘는 사망자를 유발했습니다. 2021년 7월 말까지 발생한 코로나19 사망자 4백만 명과 비교해보면, 스페인독감이 얼마나 공포스러웠을지 상상하기도 힘듭니다. 스페인독감은 한국에도 전파되어 약 288만 명이 감염되고 약 14만 명이 사망했다고 알려져 있습니다.

스페인독감과 관련된 자료를 살펴보면 매우 흥미로운 점이 있습니다. 스페인독감과 코로나19는 100년의 시간을 두고 여러 면에서 유사성이 많습니다. 두 경우 모두 백신이 없는 상황에서 전파를 막는 가장 효과적인 방법은 사회적 격리, 개인 위생, 마스크 착용입니다. 어떤 바이러스든 호흡기를 통해 감염되는 경우, 손씻기와 마스크 착용은 100년이 지나도 필수적인 방법이에요. 2021년 상황이 스페인독감이 발병한 1918년과 다른 점은 코로나19 발생 후 불과 1년 만에 축적된 과학 지식으로 백신을 개발

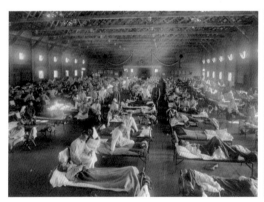

1918년 스페인독감 유행 당시 모습. 환자로 가득한 캔자스의 병원(왼쪽)과
마스크를 쓰고 학교에 가는 어린이들(오른쪽)

한 점과 백신에 대한 믿음입니다. 그럼에도 불구하고, 신종 바이러스의 발생, 창궐, 변이 출현 과정을 겪으면서 전 세계가 불안과 불신의 상황에 빠지는 팬데믹 상황을 겪고 있습니다.

이런 팬데믹을 겪은 뒤 비로소 우리는 바이러스 창궐이 얼마나 무서운지 알게 되었습니다. 혹시 좀비 영화를 좋아하나요? 좀비 영화 대부분은 바이러스에 의한 감염을 설정한 영화입니다. 2011년에 개봉한 영화 〈컨테이젼〉은 정확히 10년 전에 상상한 팬데믹 상황입니다. 동물에서 유래된 바이러스가 항공기 승객을 매개로 하여 전 세계로 퍼져나갑니다. 주연급 배우들이 하나씩 죽고 결국 모두 사망하지요. 백신이 개발되지만, 접종 순서를 기다리다가 사람들은 또 감염됩니다.

이러한 이야기가 영화라고 먼저 말하지 않았다면 어떤가요? 2021년 코로나 팬데믹 상황과 놀랍도록 일치하지 않나요? 그렇습니다. 전 세계가 신종 코로나바이러스에 감염되면서 개인은 불안과 공포에 휩싸이고, 사회 시스템은 마비되었습니다. 영화보다 더 영화 같은 상황이 펼쳐졌습니다.

선진국과 저소득국을 가리지 않는 코로나19

코로나19 확진자가 많은 나라부터 꼽아보면, 미국, 인도, 브라질, 러시아, 스페인, 영국, 이탈리아, 프랑스, 독일 순으로, G7 국가* 즉 선진국 대부분이 선두에 있습니다. 인구 백만 명당 확진자수 통계에서도 일부 작은 국가를 제외하면, 사회 보장이 잘

*G7 국가 group of seven의 약자로, 미국, 일본, 독일, 영국, 프랑스, 캐나다, 이탈리아를 의미한다. 세계의 주요 선진경제국이다.

되어 있고 의료 수준이 높은 유럽 국가 다수에서 확진자가 많이 발생했습니다. 물론 PCR 테스트라 알려진 진단검사가 제대로 시행되지 못하는 저소득국의 상황이 더 심각했지만, 코로나19 감염증은 선진국이든 저소득국이든 가리지 않고 피해를 일으켰습니다.

코로나 위기를 맞은 모든 국가는 보건의료 시스템에 문제가 생겼습니다. 초기에는 바이러스에 감염되어도 치료를 받지 못해 많은 사람이 사망했어요. 그리고 슈퍼마켓에서는 사재기가 일어나 물과 식료품이 동났습니다.

감염 클러스터 즉 특정 지역사회에서 감염병이 발생했을 때, 다른 지역으로의 확산을 방지하기 위해 발생 지역을 격리하는 조치는 최후의 수단이자 가장 확실한 확산 방지책입니다. 중국에서는 코로나19가 발생한 우한 지역을 봉쇄했고, 세계 곳곳에서도 국경을 봉쇄하거나 지역 간 이동을 막았습니다.

국제선 항공편의 이착륙을 금지하거나 국가나 도시 간의 이동을 금지하는 조치는 이전엔 상상도 못했던 대응 방식이었습니다. 그 결과 일상적인 무역이나 인적 교류, 물자 이동 등이 제대로 이루어지지 않아 많은

어려움이 발생했습니다. 예를 들면 고립된 지역에서는 의료 물자가 부족해졌습니다. 그래서 붕괴된 보건 시스템에서 주민들이 스스로 생존해야 하는 상황까지 발생했습니다.

이러한 상황은 전염병뿐 아니라 수해, 지진, 태풍과 같은 자연재해가 발생한 때도 벌어질 수 있습니다. 예상치 못한 위기 상황에서는 선진국이나 저소득국 모두 막대한 피해를 입습니다. 짧은 시간 동안 환자가 급증하면 한 국가의 일상적인 의료 보건 체계가 무너집니다. 감염병 발생 위기에서는 방역에 필수적인 마스크부터 감염병 치료에 필요한 의료진, 병상, 의료기기 수급에 공백이 생기므로 적절한 대응이 어려워집니다.

개인의 보호 장비 부족, 집단 감염이 발생한 지역사회의 격리 조치, 환자 폭증으로 인한 의료 시스템의 마비, 사회적 격리로 인한 교육 및 경제 활동의 중단 등이 일어나면서 초연결 사회를 지향하던 시민사회는 경험하지 못한 새로운 위기에 직면했습니다. 이러한 상황에서는 개인의 희생뿐 아니라 시민사회도 심각한 위협을 받게 되지요.

전염을 막는 보호막 개인보호장구

지역사회에 바이러스가 확산하기 시작하면 우리는 위험에 노출됩니다. 코로나바이러스는 코와 입을 통해 전염되므로, 보균자가 기침할 때 튀어나오는 침방울이나 바이러스에 오염된 엘리베이터 버튼 및 문고리

등을 만진 손을 통해 코로나바이러스가 호흡기로 들어오지요.

연구 결과에 따르면, 우리는 한 시간에 평균 15 ~ 23번 얼굴을 만진다고 합니다. 그중 둘에 한 번은 눈이나 코, 입 등의 호흡기를 만진다고 해요. 공공장소에서 하는 여러 행동들, 예를 들면 문을 열고, 돈을 주고받고, 악수를 하고, 책상과 물건을 만지는 행위를 하면서 우리는 손으로 끊임없이 얼굴을 만집니다. 당연히 호흡기로 바이러스가 들어올 확률이 높아지겠지요.

한 시간에 서너 번씩 손을 씻기도 어렵고, 더욱이 손을 23번이나 씻는 경우는 절대 없을 거예요. 손 씻기만으로는 손을 통한 바이러스 감염을 막기 어렵습니다. 그래서 마스크가 꼭 필요해요. 마스크는 공기 중에 있는 바이러스 유입을 차단하며, 자신의 침방울 확산도 막아 주지요. 또한 코나 입을 습관적으로 만지는 행동을 통해 바이러스가 유입되는 과정을 차단하는 가장 효과적인 방어막입니다. 마스크는 개인을 바이러스의 위험으로부터 보호하는, 단순하지만 가장 효과적인 방어도구랍니다.

여러분도 코로나19 사태를 겪으면서 마스크를 포함한 개인보호장구의 중요성을 많이 느꼈을 거예요. 마스크가 부족해지자 정부는 1인당 일주일에 2매씩 사도록 마스크 판매를 제한했고, 매일 아침 약국 앞에 길게 줄 서는 풍경이 벌어지기도 했습니다.

해외 상황은 더욱 심각했습니다. 미국 감염병질병센터(CDC)에서는 바이러스 유입을 차단하는 N95 방역 마스크가 부족해지자, 일회용 마스크나 스카프나 두건으로 대체 사용하도록 했습니다. 코로나19의 급격한 확산으로, 의료진이 근무하는 현장에서도 마스크 부족 현상이 발생했고 가격도 급등했습니다. WHO에 따르면 평소 기준으로, 마스크 수요는 최대 100배로 치솟고, 가격은 20배까지 올랐다고 합니다.

3D 프린터로 무엇이든 만든다

2020년 3월에 스포츠 기업 아디다스는 3D 프린터 제조업체인 카본과 함께 페이스쉴드를 제작해서 개인보호장구가 부족한 의료기관에 제공하겠다고 발표했습니다. 아디다스는 3D 프린터로 맞춤형 신발을 만드는 공장의 생산라인을 활용하여, 일주일 동안 페이스쉴드 18만 개를 생산하여 보급했습니다. 하지만 캘리포니아주에서 1주일에 필요한 마스크를 2

아디다스와 카본에서 3D 프린터로 페이스쉴드를 제작하고 있다.

억 개로 추산하는 상황에서 페이스쉴드 18만 개는 매우 적은 양이었습니다. 아디다스뿐 아니라, 독일의 자동차 회사인 폭스바겐도 페이스쉴드, 마스크, 고글을 만들고, 스포츠카 제조사인 람보르기니도 수술용 마스크를 만들어 공급했습니다.

아디다스에서 만든 페이스쉴드

전염을 막는 개인보호장구 만들기

1) 무료로 공개된 개인보호장구 설계도 STEP 파일 다운받기	
페이스쉴드	http://www.thingiverse.com/thing:4233193 http://www.thingiverse.com/thing:4241479
마스크 고리	http://www.thingiverse.com/thing:4309121 http://www.thingiverse.com/thing:4248205
마스크	http://www.thingiverse.com/thing:4241244
2) 무료로 활용할 수 있는 3D 프린터 공작소	
• 중소벤처기업부 메이크올 커뮤니티 http://makeall.com • 부산광역시 교육청 창의공작소 home.pen.go.kr/childpiacf/main.do	
3) 재료 선정 및 준비	
페이스쉴드에 필요한 아크릴(OHP) 필름 및 일반적인 3D 프린터 필라멘트	

세계적인 기업들이 코로나 위기 극복에 동참했지요.

아디다스나 폭스바겐은 공장의 생산라인을 변경하지 않고 어떻게 개인보호장구를 대규모로 제작했을까요? 그건 바로 3D 프린터를 사용했기 때문입니다. 3D 프린팅은 다양한 물질을 3차원으로 쌓아서 3차원 입체물을 만드는 기술입니다. 플라스틱 성형을 위한 틀이나 생산라인 없이도 완전한 도구를 생산할 수 있습니다. 이것이 바로 3D 프린터의 장점이지요.

아디다스 같은 큰 회사에서 사용하는 기업용 3D 프린터나 최근 학교나 공방에서 쉽게 보는 가정용 3D 프린터는 크게 다르지 않습니다. 3D 프린터는 사용법이 간단하여 누구라도 쉽게 배우고 원하는 물건을 제작할 수 있어요. 간단한 설계 실습 교육을 받으면 누구나 바로 설계도를 만들 수 있고, 설계도만 있으면 어디서라도 3D 프린터를 이용해서 동일한 완제품을 제작 가능합니다. 온라인으로 설계도를 쉽게 다운받고, 전 세계 어디서든 3D 프린터를 이용해서 제품을 만들지요.

코로나19가 불러온 글로벌 위기 상황에서 3D 프린터와 생산 기술을 가진 개인과 지역사회가 개인보호장구를 스스로 만들기 시작했습니다. 개인, 지역사회, 기업이 자발적으로 참여하여 개인보호장구를 설계 제작한 것이죠. 그리고 설계도와 제작 방법을 공유하면서 바이러스가 초래한 위기를 극복하는 데 힘을 보탰습니다.

아디다스가 만들면 우리도 만든다

여러분과 같은 중고등학생들이 참여한 마스크 제작 활동도 활발하게 일어났습니다. 미국의 직업고등학교(CTEC) 2학년 학생 벨레리 카스트로는 다른 학생들과 함께 학교에 있는 3D 프린터 9대로 페이스쉴드를 제작했습니다. 1시간에 겨우 페이스쉴드 2개를 만들 정도로 제작 속도는 느렸지만, 만들어진 제품 하나하나가 의료진의 감염을 막아주는 효과적인 방역 장비가 되었습니다. 학생들은 제작한 페이스쉴드를 지역 의료진에게 기부했어요. 미국의 3D 프린터 제작사인 메이커봇은 이 소식을 듣고 직업고등학교에 3D 프린터 20대를 제공했습니다. 제작 속도가 3배나 빨라지면서 학생들은 페이스쉴드를 하루에 100개나 제작했고, 만들어진 페이스쉴드는 지역 의료진들에게 큰 도움이 되었지요.

미국 미조리주의 캠던톤고등학교 3학년 학생인 제인 폴크는 청소년 로봇팀의 일원입니다. 폴크는 하루에 페이스쉴드 40개를 제작하여 병원에 지속적으로 공급했습니다. 더 많은 페이스쉴드를 제작하기 위해 지역사회에 있는 3D 프린터 공방에 도움을 요청하면서 '프린터투프로텍트(Printer to Protect)' 운동을 시작했습니다. 폴크는 확보한 3D 프린터 100대로 페이스쉴드를 제작하여 의료진에게 지원하게 되었고 이러한 활동은 텍사스의 아마릴로 지역 고등학생들에게 알려졌습니다. 아마릴로 지역 학생들도 이 운동에 동참하면서 함께 만드는 선한 영향력은 계속되었습니다.

아멜라 맥고완은 뉴저지주의 유니온중학교 2학년 학생입니다. 도움이 필요한 장애인이기도 하지요. 맥고완은 원격수업을 통해 3D 프린터 활용법을 배웠습니다. 그리고 수업을 함께 듣는 학생들과 페이스쉴드를 제작하여 지역 의료진에 전달하는 활동에 참여했습니다. 신체적 장애는 걸림돌이 되지 않았고, 3D 프린터를 활용한 활동은 학교라는 울타리를 넘어 중요한 역할을 하게 되었어요.

한국에서도 이와 유사한 사례가 있었습니다. 부산의 신진초등학교 교사들은 3D 프린터를 활용해 교사용 마스크를 제작했습니다. 장시간 마스크를 끼고 수업하면 숨쉬기가 힘들고, 발음도 불분명해지며, 귀도 아픈 일반 마스크의 단점을 보완했지요. 교사들은 교내 무한상상실에 있는 3D 프린터를 이용하여 침방울을 차단하고 숨쉬기도 편안한 교사용 투명

3D 프린터로 페이스쉴드를 제작한 아멜라 맥고완(왼쪽)과 기부 받은 페이스쉴드를 쓰고 있는 레이크 리저널 병원 의료진(오른쪽)

마스크를 만들어서 다른 교사들에게 보급했습니다. 덕분에 학생들과의 소통도 원활해졌다고 해요. 현장의 불편함을 해결하는 맞춤 아이디어라고 할 수 있습니다.

좋은 아이디어는 서로 나누면서 발전하고, 좋은 경험은 사람들에게 긍정적인 영향을 미칩니다. 사회적 거리두기 상황에서도 학생들의 참여가 새로운 아이디어로 발전하고, 기업과 지역사회의 참여로 이어지면서 스노우볼 효과가 나타났습니다. 그 결과 현장의 물자 부족을 해결하는 긍정적인 결과가 나타났지요. 이러한 결과는 인터넷망과 3D 프린터와 같은 과학기술 인프라 덕분에 가능했습니다.

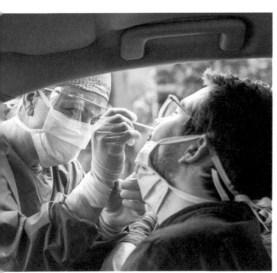
코로나 진단을 위한 검체 채취

하버드대 비스연구소에서 제작한 면봉

검사용 면봉(swab)은 검체를 채취하는 가장 간단한 도구입니다. 혹시 코로나19 진단검사를 받아봤나요? 검체를 채취하기 위해 검사용 면봉을 콧속 깊숙이 넣었다 빼낸 뒤, 시약통에 넣습니다. 이때 쓰이는 면봉은 일반 면봉과 달리 멸균되어야 하며, 손쉽게 검체를 채취할 수 있어야 합니다. 일회용이므로, 검사가 단기간에 많이 진행되면 재고가 빠르게 소진되어 검사용 면봉이 동날 가능성도 있어요. 실제로 이런 일이 코로나19 확산 초기에 미국에서 일어났습니다. 캘리포니아주에서 진단검사 시약은 긴급히 확보했으나, 검체 채취에 필요한 면봉이 없어서 검사를 하지 못하는 상황이 발생했지요.

결국 어디서 검사용 면봉을 구했을까요? 여러 대학과 병원이 면봉 워킹 그룹(Swab Working Group)을 조직하여 아이디어를 모으고 논의했습니다(http://covidinnovation.partners.org/devices-swabs/). 많은 논의 끝에 남플로리다대학에서 멸균된 레진을 사용해 3D 프린터로 면봉을 설계, 제작하는 방법을 공개했습니다. 하버드대학교의 비스연구소(Wyss Institute)에서도 쉽게 제작 가능하며 검체 채취에 효과적인 면봉을 디자인했습니다. 모든 과정과 결과물을 누구나 활용할 수 있게 공개했고, FDA의 승인도 받았지요.

페이스쉴드와는 달리 인체에 직접 접촉하거나 질병을 진단하는 장비들은 간단해 보여도, 기술적으로 고도의 전문성이 필요합니다. 검사용 면봉을 예로 들면, 콧속 깊이 들어가야 하므로 길이가 충분히 길어야 합니다. 동시에 좁은 비강 속으로 들어가도 코 안에서 쉽게 부러지지 않도록 탄력과 유연성이 있어야 합니다. 또한 검체 채취 시 검사자가 거부감을 느끼지 않도록 되도록 얇아야 합니다. 이러한 디자인과 설계를 하려면 전문가의 참여가 필요해요. 기술적 고려 없이 면봉이 설계된다면 의료 현장에서 여러 문제가 발생하지요. 검체 채취 중에 면봉이 콧속에서 부러진다면 정말 큰일이잖아요?

이런 점에서 여러분과 같은 일반인의 참여와 함께 전문성과 경험을 지닌 과학기술자들의 역할이 매우 중요합니다. 코로나19 팬데믹 상황에서 폭발적으로 늘어난 의료 장비의 수요를 감당하지 못해 애로를 겪는 현장의 문제를 조금이라도 해결하기 위해, 경험 있는 전문가들이 참여하여 문제를 함께 해결하는 문화가 만들어진 점은 놀랍습니다. 최근 한국에서도 리빙랩* 등의 필요성이 많이 논의되었지만, 글로벌 위기 상황이 닥치면서 문제를 함께 해결하고, 관련 분야의 전문가들이 참여하는 새로운 플랫폼이 단시간에 확산된 현상은 실로 경이롭습니다.

*리빙랩 (Living Lab) 살아 있는 실험실, 일상생활 실험실이란 의미로, 기술을 이용해 사회 문제를 해결하는 방식이다. 생활 속에서 발생하는 지역의 문제를 사용자(시민)가 직접 참여하여 해결한다.

과학자들이 동참하여 만든 인공호흡기

시민들의 참여는 계속되었습니다. 3D 동호회에서는 마스크 제작에 필요한 클립, 마스크 고정용 고리, 귀 보호대와 같은 제품의 설계도를 잇따라 공개했습니다. 면이나 종이 필터만 별도 구매하면 마스크를 직접 제작할 수 있게 되었지요. 문고리에 손을 대지 않고 문을 열 수 있는 비접촉식 문 여는 기구의 도면도 공개되었습니다. 개인보호장비는 물론, 이동형 격리 시설 및 방역 시설까지 속속 설계되었고, 누구나 활용하도록 유튜브와 웹 기반 공유 사이트를 통해서 공개되었습니다.

이번 감염병 사태에서 가장 부족했던 의료기기는 인공호흡기였습니다. 인공호흡기는 폐렴과 같이 호흡기 질환을 겪는 위중한 환자에게 필수 장치입니다. 코로나19 환자의 약 6%가 폐를 손상하는 심한 염증을 앓는다고 추정되는데, 염증으로 인해 허파꽈리가 막히면 산소 공급이 어려워집니다. 따라서 위중한 환자들은 인공호흡기를 통해 기계적으로 호흡하도록 해야 생명을 유지하며 치료를 받을 수 있습니다. 인공호흡기를 환자에게 제때 제공하지 못하면, 치명률*이 급격하게 올라갑니다.

> *치명률 어떤 병에 걸린 환자에 대한 그 병으로 죽는 환자의 비율. 백분율로 나타낸다.

미국에서 확진자가 폭발적으로 증가한 뉴욕, 미시간주, 캘리포니아주에서 사망자가 급격하게 증가한 이유는 인공호흡기 부족으로 환자들을 적절하게 치료하지 못했기 때문입니다. 안타깝게도 제가 지도하는 인도네시아 학생의 아버지도 코로나19에 감염되어 사망했습니다. 폐 기능이 악화되었으나 그 지역에 인공호흡기가 단 한 대밖에 없어서 적절한 치료를 받지 못했기 때문이었죠.

인공호흡기는 생명을 다루는 기기이므로 누구나 설계할 수는 없으나,

MIT가 제작한 응급용 인공호흡기　　　NASA의 과학자들이 제작한 인공호흡기

그 원리는 간단합니다. 환자의 호흡에 맞게 코나 입을 통해 산소를 폐에 주기석으로 공급하고, 폐에서 교환된 기체는 주기적으로 외부로 방출합니다. 하지만 실제 현장에서 제대로 쓰이려면 수많은 요구 조건을 만족해야 합니다. 예를 들면 기계적으로 작동하기 위한 기본적인 구동, 환자의 호흡 주기에 맞추어 기압을 정확하게 유지하기 위한 밸브의 정밀한 조절, 기체의 누출 방지, 안정적인 전력 공급 등의 조건을 충족해야 해요.

미국에서는 인공호흡기 확보를 위해 백악관이 기업에 도움을 요청했습니다. 미국의 최대 자동차 회사인 지엠(GM)과 포드는 자동차 공장을 인공호흡기 공장으로 탈바꿈하는 작업에 돌입했습니다. 그러나 공장의 생산라인을 변경하는 데 수 개월이 걸리고 환자들은 급증하면서 의료 현장은 커다란 위기에 빠졌습니다.

이와 같은 장치를 개발하려면 공학 교육 경험이 있는 대학이 참여해야 합니다. 세계 최고의 공과대학인 미국의 매사추세츠 공과대학(MIT)

연구실은 인공호흡기가 의료 현장에서 실제 활용되기 위한 요건을 세밀히 검토한 후, 기계, 전기 제어, 의료의 총 3가지 영역으로 나누어 설계하기 시작했습니다. 마침내 MIT 연구실은 의학적인 고려점을 만족하면서 누구나 제작 가능한 저비용 인공호흡기를 만들었어요. 그리고 설계도와 구동을 위한 소프트웨어를 모두 오픈소스로 제공했습니다. 이것이 바로 잘 알려진 MIT의 E-VENT(Emergency Ventilator, 응급용 인공호흡기) 프로젝트입니다.

미국 항공우주국(NASA) 과학자들도 인공호흡기 제작에 나섰습니다. 온라인에서 협업하며 기계 설계, 제작, 구동 시험, 패키지 개발을 진행했지요. NASA의 과학자들은 시중에서 판매되는 고가 인공호흡기의 10분의 1 가격밖에 안 되는 부품을 이용해서 저가 인공호흡기를 제작했고, 그

인공호흡기 제작을 위한 NASA 과학자들의 협업

기술을 기업에 이전했습니다. NASA의 과학자들이 서로 협력하며 인공호흡기를 만드는 과정은 NASA 유튜브 채널의 영상을 통해 알려졌습니다(http://www. youtube.com/watch?v=NB7SdwkBqHU). 가슴이 두근두근하지 않나요? 저는 이 영상을 보고 감동을 받았습니다. 영상을 보면 의료 체계가 붕괴된 사회에서 과학기술자들이 자발적으로 참여한 프로젝트가 얼마나 긍정적인 결과를 낳는지 그리고 사회에 얼마나 중요한 역할을 하는지 알 수 있습니다.

팬데믹 시대, 적정기술의 새로운 정의

세계적인 위기 상황에서 과학기술의 역할과 의미는 무엇일까요? 과학기술이라고 하면, 일상생활과 상관없는 과학자들의 학문이라 생각하기 쉽습니다. 잘 이해하기 어려운 양자이론이나 우주, 세포, 분자, 원자와 같이 일상생활과 연관 짓기 어려운 내용을 떠올리기 쉬워요. 그러나 모든 과학기술이 최첨단이나 눈에 보이지 않는 분자를 다루는 건 아닙니다. 일상생활의 어려움과 가난을 이겨내고, 삶의 환경을 변화시키는 과학기술도 존재합니다. 바로 그런 기술이 적정기술입니다.

저소득국가의 열악한 현장에 적용 가능한 소규모 노동집약적 기술, 빈곤을 퇴치하고 생존에 도움을 주는 농업 기술, 소규모 발전 기술과 같이 의식주에 직접적인 영향을 주는 기술을 적정기술로 꼽을 수 있습니다.

코로나 위기를 겪으면서 전 세계는 현장에 필요한 기술 중 특히 보건 기술의 중요성을 실감했습니다. 감염병 대응에 꼭 필요한 개인보호장구, 방역 도구, 응급환자 치료를 위한 의료 기기는 물론, 지역 내 감염 사례와 같은 정보를 공유하는 네트워크, 위기 상황을 공유하는 정보통신기술, 원격 강의 및 원격 진료를 위한 인프라 등이 생존을 위한 필수 인프라임을 인식하기 시작했습니다. 적정기술이 적용되는 범위가 넓어졌지요.

적정기술의 적용 대상도 확장되었습니다. 예상하지 못한 글로벌 위기에서 적정기술이 새롭게 주목 받고, 새로운 해결책으로 등장했어요. 그동안 적정기술은 주로 저소득국에 도움을 주는 기술로 한정되었습니다. 그러나 바이러스 감염증이 전 세계 모든 곳에서 발병하고 급속도로 확산되면서 그 지역의 보건 의료 체계를 무너뜨리는 상황이 발생했습니다. 이런 상황에서 적정기술의 적용 대상은 개인이 스스로 참여하는 기술, 돌봄을 받지 못하는 어려운 이웃에게 도움을 주는 기술, 누구나 이용 가능한 기술, 공유 가능한 기술로 확장되었습니다. 위기 상황에 놓인 모든 지역이 적정기술의 대상이 됩니다.

최근에는 시민들이 자발적으로 참여하는 과학기술 운동도 시작되고 있습니다. 과학기술 분야의 직업에 종사하거나 과학기술에 대한 이해와 관심이 있는 지역 주민이 자발적으로 모여 지역 문제를 스스로 해결하려는 움직임이 활발하지요.

중고등학교의 과학 동아리, 지역사회에 설치된 상상공작실, 개인이 운영하는 웹 기반 정보 공유 활동도 모두 시민들의 과학기술 운동입니다.

오픈 코비드19 이니셔티브

지역사회의 환경 문제나 교통 문제를 해결하려는 활동이나 재활용(리사이클링) 및 새활용(업사이클링) 하는 활동 등이 대표적이지요.

게다가 일반인이 접근하기 어려웠던 과학기술 논문도 최근에는 오픈소스, 오픈저널 형태로 제공되면서 누구나 전문 정보를 볼 수 있게 되었습니다. 이러한 과학기술 운동은 리빙랩, 시민과학, 오픈과학 등 다양한 이름으로 불립니다. 가장 중요한 점은 과학기술이 전문 과학기술자의 전유물에서 벗어나 누구든 참여 가능한 영역이 되었다는 사실입니다.

전 세계에 흩어져 있던 과학기술자들이 자발적으로 참여하는 플랫폼도 만들어졌습니다. 지역 커뮤니티 활동이 활발한 유럽을 시작으로, 전세계 곳곳의 네트워크가 연결되었습니다. 코로나 팬데믹을 극복하기 위한 수백 가지 프로젝트들이 동시에 진행되고, 지역 커뮤니티, 대학, 리빙랩 등이 자발적으로 이러한 기술을 공유하고 있습니다. 대표적인 예로는 '저스트원 자이언트랩(JOGL: Just One Giant Lab)'을 꼽을 수 있습니다. 저스트원 자이언트랩은 '오픈 코비드19 이니셔티브(OPEN COVID19 INITIATIVE)'를 주도하는 전 세계 과학기술자들의 온라인 네트워크입니다. 이곳에서 개발이 필요한 기술이 제안되면, 전 세계 과학기술자들이 함께 해답을 찾으면서 수백 가지 문제를 동시에 해결하고 있습니다.

연대하고 참여하는 새로운 과학기술

팬데믹과 같은 문제는 선진국이나 저소득국 모두의 문제입니다. 내가 겪는 문제를 세계 다른 곳의 다른 사람도 겪습니다. 즉 지역의 문제가 세계적인 문제로 될 수 있어요. 혹자는 이러한 현상을 글로컬라이제이션 (global+local)이라고 부릅니다. 한 명의 과학기술자가 개발한 해결책이 다른 지역의 문제를 해결하기도 하지요. 이를 위해서는 과학기술을 이해하고 교육을 받은 사람들이 자발적으로 참여하고 공유하는 공간이 확보되어야 합니다.

적정기술의 개념은 자선이나 봉사하는 데 필요한 과학기술에서 문제 해결과 새로운 사회적 가치를 창출하는 자립적인 기술로 넓어지고 있습니다. 그리고 인터넷을 기반으로 누구나 활용 가능하도록 그 내용을 공개하는 과학기술 운동으로 발전하고 있어요.

적정기술은 이제 수천 킬로미터 떨어진 아프리카 지역의 문제를 고민하는 기술에 그치지 않습니다. 나와 가족 그리고 지역 문제를 해결하는 기술로 활용될 것입니다. 신종 코로나바이러스가 초래한 보건 위기를 극복하고, 환경오염이나 기후변화 문제를 해결하는 데도 도움이 됩니다.

최근 중고등학교에서는 적정기술이 교과 활동으로 도입되었습니다. 대학에서도 공과대학의 선택 과목으로 적정기술이 개설되어 설계, 제작한 결과물을 현장에 적용하는 과정을 실습하고 있습니다.

작은 과학기술 하나가 어떤 정책보다 더 효과적인 변화를 일으킵니다. 코로나19 팬데믹 상황에서 우리는 이런 희망을 봅니다. 두려워하지 않고 연대하고 참여하는 새로운 과학기술의 희망이 시작되고 있습니다. 여러분들도 주변을 돌아보며 작은 힘이라도 적정기술에 동참해보세요. 과학기술을 활용한 위기 극복에 중요한 첫걸음이 되리라 확신합니다.

신관우 서강대학교 화학과 교수

서강대학교 화학과를 졸업한 후, 재료공학을 전공으로 KAIST에서 석사학위, 뉴욕주립대에서 박사학위를 취득했다. 미국 표준기술연구소를 거쳐 현재 서강대학교에서 화학과 교수로 재직하고 있다. 가난한 지역의 여러 질병 진단에 활용될 수 있는, 종이를 이용한 질병 진단칩을 개발하여 미국 TechConnect 혁신상과 대한민국 발명특허대전 금상을 수상했고, 2019년 과학기술정보통신부의 이달의 과학기술자상에 선정되었다. 지난 10년간 동남아시아 지역의 대학과 중고등학교에서 기초과학 강의와 실험을 하면서 과학교육을 통한 저소득국의 사회 혁신 운동에 참여하고 있으며, 제2대 적정기술학회 회장을 맡았다.

www.nano-bio.com Email: kwshin@sogang.ac.kr

3D 프린터로 개인보호장비 만들기

준비물

3D 프린터(FDM 방식), A4크기 OHP 필름, 고무줄, STL파일

만드는 방법

① 다음 사이트에서 STL파일을 다운로드한다. https://www.thingiverse.com/
thing:4233193(본 설계도는 무료 다운로드와 제작이 가능한 cc 라이센스 작품이다.)

② 해당 STL파일이나 STEP 파일을 3D 프린터에 업로드한다.

③ 3D 프린터로 페이스쉴드 본체(머리에 끼는 부분)를 제작한다.

④ 본체에 적당한 길이의 고무줄을 끼운다.

⑤ 본체에 OHP 필름을 끼우면 페이스쉴드가 완성된다.

⑥ 그외에도 3D 프린터로 손쉽게 제작 가능한 개인보호장비의 오픈소스를 찾아서
제작해보자. 예로 들면 비접촉식 문 여는 기구나 일반 마스크 머리 고정대 등이 있다.

Thingiverse.com에 소개된 코로나19 방지용 페이스쉴드 제작, 조립 과정이다. OHP 필름을 자동 고정 하는 자동 고정 오토록이 설계되어 있다. 조립 방법은 다음을 참고하자. https://www.youtube.com/ watch?v=xsc1RlfQK8s

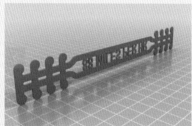

비접촉식 문 여는 기구   일반 마스크 머리 고정대

05

적정기술과
정보통신기술의 융합

서덕영

21세기가 되면서 세상이 빠르게 바뀌고 있습니다.

이 변화를 4차 산업혁명이라고 부르지요.

4차 산업혁명이란 정보통신기술(ICT)이 융합하면서

생긴 혁신입니다. 빅데이터, 인공지능, 사물인터넷,

로봇, 자율자동차, 3D 프린팅, 나노기술과 같은

첨단기술이 핵심이지요. 한국은 첨단기술의 선두

주자로 많은 나라들이 우리에게 첨단기술을 배우고

싶어 합니다.

이 장에서는 ICT를 기반한 적정기술로 모든 나라가

4차 산업혁명의 혜택을 누리도록 돕는 방법을

알아봅시다. 4차 산업혁명은 소비자가 중심이 되는

변화이므로 저소득국가도 발전에 기여할 수 있답니다.

미디어 아티스트 백남준에 대해 들은 적이 있나요? 미디어 아트는 TV
와 같은 미디어 기기를 이용하는 예술이에요. 미디어 아트라는 새로운
예술 세계를 수십 년 전에 처음 시작한 예술가가 바로 백남준이랍니다.
백남준은 1984년 1월 1월 아침에 세계 여러 도시에 있는 공동 작업자들
과 함께 〈굿모닝, 미스터 오웰(Good Morning, Mr. Owell)〉이라는 작품을
선보였습니다. 이 작품은 위성통신을 통해 전 세계로 생중계되었어요.
여기서 오웰이란 1949년에 《1984년》이라는 디스토피아 소설을 발표한
소설가 조지 오웰을 말합니다.

디스토피아는 유토피아(지상 낙원)의 반대말이니까 지옥이라고 생

백남준 〈굿모닝 미스터 오웰〉 (1984). 백남준아트센터 《굿모닝 미스터 오웰 2014》 전시 설치
전경. 백남준아트센터 비디오 아카이브 소장. 사진 백남준아트센터. ©Nam June Paik Estate

각하면 좋겠지요. 《1984년》에서는 발전된 기술을 독점한 '빅브라더(Big Brother)'가 모든 사람들을 24시간 내내 감시하고 통제합니다. 조지 오웰의 예측과 달리, 백남준은 기술을 통해서 인간이 더 가까워지고, 더 많은 자유를 누리게 됨을 보여주고 싶었습니다. 기술은 어떻게 사용하느냐에 따라 인류를 디스토피아로 이끌기도 하고, 유토피아로 이끌기도 합니다. 인류를 유토피아로 이끄는 기술의 좋은 예로 적정기술을 꼽을 수 있어요.

적정기술은 문명의 혜택을 못 받는 지역에 사는 사람들을 도와주는 기술이에요. 이들은 전기나 전화를 사용하기 어렵고 물이나 식량도 부족한 환경에서 살아갑니다. 적정기술은 이러한 문제를 해결하고자 합니다. 그 지역에서 쉽게 구하는 재료를 이용해서 집을 짓고, 정수 장치도 만듭니다. 태양열 발전기를 달아서 학교 교실을 환하게 밝히고, 더운 여름날 선풍기도 이용하지요. 적정기술에는 여러 가지 기술이 사용되지만, 이 장에서는 정보통신기술(ICT: information & communication technology)이 어떻게 적정기술로 쓰이는지를 이야기해 보겠습니다.

4차 산업 혁명이라는 말을 많이 들어봤지요? 4차 산업 혁명은 ICT의 융합으로 이루어진 혁신이에요. 변화가 없는 세계에서는 나이 많은 어른들의 경험이 중요해요. 그런데 최근 100년 동안 세상은 급격히 변하고 있습니다. 지난 수천 년 동안 일어난 세상의 변화보다 그 폭이 훨씬 크지요. 이렇게 변화하는 세상에서는 경험은 없지만 변화를 빨리 감지하는 젊은 이들의 느낌이 중요합니다. 요즘 컴퓨터나 휴대폰을 사거나 인터넷 쇼핑을 할 때 부모님이 여러분에게 의견을 묻는 것만 봐도 알 수 있지요?

20년 전에는 포드 자동차나 월마트와 같이 제품을 파는 기업이 세계 최대 기업이었고, ICT 회사라 할 만한 구글이나 아마존은 눈에 거의 띄지 않는 작은 회사였습니다. 하지만 지금은 어떤가요? 포드 자동차나 월마트는 멸종하는 공룡과 같은 운명이 되었으나, 구글과 아마존은 세계에서 가장 큰 기업이 되었습니다. 또한 인터넷 가상 회사인 에어비앤비의 매출이 전 세계에서 가장 큰 호텔 회사인 메리어트의 매출을 훌쩍 넘어섰어요. ICT에는 그런 폭발력이 있습니다.

우리보다 형편이 어려운 나라에 ICT의 씨앗을 심는 일은 ICT를 기반으로 한 적정기술이 할 일이에요. 어쩌면 아프리카의 어느 마을에 미래의 스티브 잡스가 있을지도 모르잖아요?

ICT는 어떤 변화를 만들어낼까?

미디어 학자 마셜 맥루한은 1964년에 "미디어는 메시지다(The medium is the message)"라는 명언을 말했습니다. 이는 기술 발전이 인간과 인류사에 미치는 영향을 탁월하게 표현한 말입니다. 여기서 미디어는 인간이 만든 도구를 말하지요. 인간은 도구를 만들고, 그 도구는 인간을 변화시킵니다.

음악 감상을 예로 들어 볼까요? 옛날에는 녹음하는 기술이 없었으므로 귀족들만 음악을 즐겼습니다. 귀족이 음악가들을 불러서 연주하게 하고,

친구들을 초청해서 즐겼어요. 그래서 음악 감상이 가능한지가 신분을 구별하는 중요한 기준이 되었습니다. 이는 우리나라도 마찬가지였습니다. 부잣집에서는 소리꾼들을 불러 사랑채에서 음악을 즐겼으니까요. 그런데 요즘은 아무리 가난한 이도 언제 어디서든 음악을 들을 수 있잖아요? 그만큼 세상은 평등해졌습니다.

ICT는 사람들에게 편리함을 제공하고 시공간을 뛰어넘는 자유를 제공합니다. 그리고 세상을 바꾸고 있습니다. 그 변화는 선진국뿐만 아니라 저소득국가에서도 일어나고 있어요. ICT 발달로 세상에는 다음과 같은 4가지 변화가 생겼습니다.

● 지금은 아이디어의 시대

어떤 아이디어가 돈이 되려면 생산과 마케팅이라는 중간 단계를 거쳐야 합니다. 그런데 3D 프린터의 발전과 공장 자동화로 생산 과정이 쉬워졌어요. 인터넷을 통하면 개인이 마케팅도 할 수 있습니다. 이제는 디자이너가 공장과 마케팅 부서를 갖춘 큰 기업에 속하지 않아도, 상품을 제작하고 판매하게 되었습니다.

아이디어가 상품화되는 과정에서 중간 단계가 필요 없어지면서 개인의 중요성이 더 커졌습니다. 아이디어가 돈으로 직결되었지요. '돈'을 자부심이나 영향력으로 바꾸어도 괜찮습니다. 한국의 고등학생이 청바지 변형 사업으로 1년에 20억 원의 매출을 올리듯이, 아프리카의 한 청년이 음원 사이트를 통해 신개념의 음악을 발표하면서 국제적으로 주목을 받는 일도 가능합니다. SM, JYP, YG에 비하면 아주 작은 기획사였던 빅히트가 BTS로 빅히트를 친 것처럼 말이죠.

● 참여하려는 욕망의 증가

BTS의 팬클럽 아미(ARMY)는 특이합니다. 그들은 'BTS가 우리를 살고 싶게 했듯이, 다른 사람들에게 선한 영향력을 주고 싶다'는 생각으로 여러 가지 활동을 합니다. 이렇듯 인터넷 공간에서 일정한 역할을 하면서 참여하는 사람들이 많아지고 있어요.

이는 사회가 수직 구도에서 수평 구도로 변화함을 의미합니다. 점점 더 복잡한 세상이 되고 있어요. 이전에는 발전소에서 생산된 전기가 가정집으로 전달되는 수직적인 시스템만 있었으나, 이제는 가정집에서 생산된 재생 에너지가 한국전력에 판매되는 수평적인 시스템(스마트 그리드)이 생겼습니다. 비슷한 예로 과거에는 방송국에서 라디오나 텔레비전을 통해 일방적으로 방송을 했는데, 지금은 박막례 할머니가 유튜브에 '할머니들이 쉽게 할 수 있는 화장법' 영상을 올립니다. 인도에서는 구독자가 천만 명에 가까운 '노인 농부(Granpa Kitchen)' 채널이 유명하지요.

이러한 현상의 원인은 ICT 덕분에 누구나 참여가 가능해졌기 때문입니다. 과거에는 팔릴 가능성이 큰 상품이 세상을 주도했다면, 지금은 세계 어디서든 일정 숫자 이상의 사람들만 관심을 가져도 상품이 팔립니다. BTS의 노래 제목처럼 '작은 것들을 위한 시'라고 할 수 있겠죠?

● 호모 루덴스를 향해

　20세기는 더 많이 생산하기 위해 모든 것을 쥐어짜는 시대였습니다. 20세기의 화두는 '효율성'이었어요. 이제 인공지능이 발전하고 발전의 혜택이 전 인류에게 고르게 나누어지면서 21세기의 화두는 '재미'가 되었습니다. 20세기까지의 인류가 호모 파버(일하는 인간)라면, 21세기 인류는 호모 루덴스(놀이하는 인간)가 된 것이죠[단, 인공지능에 대한 정보를 독점하는 회사들이 위협적일 수 있어요. 구글의 모토가 'don't be evil(악마가 되지 말자)'이었는데, 최근에 이를 버렸다고 해서 걱정입니다].

　아프리카나 동남아시아의 저소득국가에 가 보면 어린이들이 가족이나 동네 친구들과 잘 노는 모습을 볼 수 있습니다. 사냥으로 먹고사는 마사이족은 하루에 3시간만 일하고, 나머지 시간에는 논다고 해요. 그래야 주변 생태계가 유지 가능하다고 합니다.

　놀이가 중요해지는 시대에 잘 노는 것은 중요한 능력이에요. 심리학자 매슬로(Maslow)는 인간이 생존과 안전의 욕구를 충족하면 관계의 욕구와 자아실현의 욕구가 생긴다고 말했습니다. 둘 다 호모 루덴스적인 욕구랍니다.

매슬로의 욕구 단계설

● 가상현실의 보편화

관계의 욕구와 자아실현의 욕구를 가지는 사람이 많아질수록 더 많은 자원이 필요합니다. 그런데 자원은 유한하고 지구 온난화도 걱정되지요. 그럼 어떻게 해야 할까요?

ICT 중 하나인 가상현실(VR: Virtual Reality)이 해답이 될 수 있어요. 진짜 현실에서 이루어지던 일들이 가상현실로 점점 대체되고 있습니다. 오래전부터 조종사 훈련은 조종사 훈련 시뮬레이션 시스템으로 수행합니다. 고소공포증은 높은 곳을 체험하는 가상현실 시스템으로 치료하지요. 이라크전에서 미군이 민간인을 검문하다가 많이 전사했는데, 이라크 파병 전 6개월간 검문 게임을 하면서 전사자 수가 획기적으로 줄었습니다.

말콤 글래드웰의 책《아웃라이어》를 보면, 무엇이든 1만 시간을 하면 전문가 경지에 오른다고 합니다. 1950년대 인기 밴드인 비틀즈의 성공도 무명 시절에 고향을 떠나 독일 함부르크에 가서 1만 시간 이상 연주를 한 경험이 토대가 되었다고 해요. 여러분들도 엄마 눈을 피해 지구를 구하는 게임을 하면서 1만 시간을 채우고 있지요?

게임 디자이너인 제인 맥고니걸은 자신의 책《누구나 게임을 한다(원제: Reality is broken)》에서 게임을 통해 학교에서 배우지 못한 능력을 키운다고 했습니다. 예를 들어 메이플스토리 같은 MMORPG(대규모 다중 사용자 온라인 롤 플레잉 게임)를 하면서 수백 명, 수천 명과 협력하고 경쟁하는 능력을 키웁니다. 이러한 능력은 모두가 연결된 초연결 시대를 살아가는 데 꼭 필요하지만, 교실에선 배울 수 없잖아요? 코로나19 사태

로 가상현실의 시대는 앞당겨졌습니다. 2020년 봄에 게임 트래픽은 70%
증가했어요.

이렇듯 ICT로 세상은 빠르게 바뀌고 있습니다. 아이디어가 중요해졌
고, 많은 사람이 참여하는 세상으로 바뀌었고, 노는 것이 중요해졌고, 가
상현실이 생활에서 점점 많이 쓰이게 되었어요. 그렇다면 ICT가 적정기
술에서는 어떻게 쓰일까요?

ICT 기술을 이용하면 그림, 영화, 음악을 무한히 복사 가능합니다. 그
렇게 되면, 복사품이 많아져서 진품이 중요하지 않게 되지요. 고흐의 〈해
바라기〉는 1987년 소더비 경매에서 약
400억 원에 낙찰되었습니다. 어마어마
한 가격입니다. 이는 진품을 귀하게 여
기는 '진품 아우라' 때문입니다.

그런데 ICT를 이용하면 〈해바라기〉
그림이 수없이 복제되고, 전송될 수 있
습니다. 인터넷 시장에서는 〈해바라기
〉 명화 포스터가 8900원에 팔리고 있어
요. 이렇듯 소프트웨어 제품이나 온라

고흐의 〈해바라기〉 명화 포스터

인 서비스는 진품 아우라가 없습니다. 또한 제러미 리프킨의 책《한계비용 제로 사회》에 따르면 한 개를 더 생산할 때 드는 한계비용이 0원이에요. ICT와 관련된 상품의 한계비용이 0원이라는 사실이 ICT 적정기술의 핵심 키워드입니다. 그 때문에 다음과 같은 특징을 보입니다.

● 낮은 진입 장벽

토머스 프리드먼은 책《세계는 평평하다(원제: The World is flat)》에서 미국 변호사의 법률 서비스 가격이 대폭 내려간 이유를 다음과 같이 설명합니다. 같은 영어권인 인도의 법률 전문가들이 훨씬 싼 금액으로 서비스하기 때문이지요. 미국과 인도의 시차는 약 12시간입니다. 그래서 미국에서 퇴근하면서 인도에 일을 맡기면, 아침을 맞이한 인도에서 일을 계속할 수 있습니다. 인도에서 일을 마치고 다시 미국으로 결과물을 보내면, 다음 날 미국에서 결과물을 확인 가능하지요.

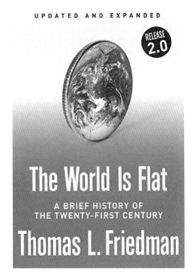

전 세계가 인터넷으로 연결되고, 누구나 인터넷을 쓰게 되면서 이러한 일이 가능해졌습니다. 피라미드형으로 수직적이었던 세계가 평평해지고 있습니다. 지리적인 경계도

토머스 프리드먼의 《The World is flat》 표지

허물어지고 있지요. 이제 고향이 같은 사람들이 모이는 향우회는 저물고, 취미가 같은 사람들이 모이는 동호회가 뜨고 있어요.

ICT 하드웨어에서도 경계를 허무는 일이 일어납니다. 웬만한 컴퓨터와 성능이 비슷한 라즈베리 파이(Raspberry Pi)는 영국의 라즈베리 파이 재단이 개발한 신용카드 크기의 싱글 보드 컴퓨터입니다. 저소득국을 포함한 전 세계 모든 나라의 중고등학교에서 컴퓨터 기초 교육을 하기 위해 만들어졌습니다. 가격은 2만 ~ 5만 원이에요. 라즈베리 파이에 모니터와 키보드를 붙이면 작은 노트북 컴퓨터가 됩니다.

아두이노는 필요한 데이터를 측정해서 컴퓨터에 전달하거나, 컴퓨터에서 명령을 받아서 스위치를 켜고 끄는 일을 합니다. 즉 라즈베리 파이가 두뇌라면, 아두이노는 감각기관이나 팔다리라고 할 수 있어요. 아두이노 키트에는 각종 센서와 스위치, 모터 등이 포함됩니다(그림의 아두이노 키트는 가격이 17,000원이나, 모조품은 그보다 훨씬 싸지요).

컴퓨터에 대해 아무 상식이 없어도 몇 시간만 배우면 아두이노 키트를

아두이노 키트

라즈베리 파이로 만든 10만 원대 노트북

이용해 방안 온도에 따라 에어컨을 켜고 끄는 시스템을 만들 수 있습니다. 복도가 어두워지면 밝기를 감지해서 자동으로 LED 등을 켜는 시스템도 만들 수 있지요. 이러한 시스템들을 블루투스 통신으로 연결하면 집 전체를 스마트 홈으로 만드는 일도 가능합니다. 이렇게 모든 사물에 아두이노를 붙여서 연결하는 기술을 IoT(사물 인터넷, Internet of Things)라고 합니다. 4차 산업혁명에서 중요한 기술 중 하나예요.

라즈베리 파이는 어린이를 위한 블록 기반 프로그래밍 언어인 '스크래치(Scratch)'와 텍스트 기반 '파이썬(Python)' 프로그래밍 언어를 사용합니다. 영국의 교사 단체 카스(CAS, Computing at School)에서는 라즈베리 파이를 교육 현장에서 활용하도록 라스베리 파이 교육용 매뉴얼을 만들

2016년에 개최된 코더도조 쿨리스트 프로젝트(CoderDojo Coolest Project)에서 두 소녀가 라즈베리 파이로 와이파이 원격 조정 호버크라프트를 제작하여 발표하고 있다.

조슈아가 코딩 교육용 소프트웨어 에듀블록스에 대해 설명하고 있다.

었습니다. 매뉴얼은 간단한 게임을 제작하는 방법이나 웹을 활용한 파이썬 프로그래밍, 입출력 장치의 활용 등에 대한 내용을 제공합니다.

영국의 조슈아(Joshua)는 중학생 때 에듀블록스(EduBlocks)라는 소프트웨어를 만들었어요. 에듀블록스는 아이들이 쉽게 코딩을 배울 수 있는 소프트웨어로, 100여 개국의 교실에서 사용되고 있습니다.

● 자유 오픈소스 소프트웨어의 보편화

여러분은 앞으로 잘 살기 위해 돈을 벌게 될까요? 아니면 돈 벌기 위해 사는 사람이 될까요? 돈을 버는 이유는 잘 살기 위함입니다. 그런데 자유 오픈소스 소프트웨어(FOSS: Free Open Source Software)는 돈과 관계없이, 자기실현을 위해 소프트웨어를 쓰는(write) 사람들의 거대한 사회적

누구에게나 열려 있는 FOSS 생태계

운동입니다. 여기서 Free는 '공짜'라는 의미보다는 '자유'로 번역할 수 있어요. 모든 사람이 자유롭게 사용할 수 있다는 말이지요. 오픈소스(Open source)는 누구나 참여하여 소프트웨어를 같이 쓰고 읽고 고칠 수 있다는 의미입니다. 즉 FOSS는 소프트웨어를 사용할 때 누구도 차별받지 않게 하자는 운동이에요.

빌 게이츠는 마이크로소프트를 설립하고, 컴퓨터 운영 체제인 윈도우를 개발, 판매하여 세계적인 갑부가 되었습니다. 같은 시기에 소프트웨어 개발자 리누스 토발즈는 컴퓨터 운영 체제 리눅스를 만들어 무료로 배포했습니다. 리눅스를 기반으로 개발한 운영 체제 중에 '우분투'가 있습니다.

우분투는 아프리카 말로, 그 뜻은 다음과 같습니다. 오래전에 아프리카 시골 마을에서 한 선교사가 어린이 10명에게 달리기 시합을 시켰어요. 가장 먼저 들어오는 아이에게 사탕을 준다고 하자, 아이들이 모두 손을 잡고 같이 뛰었다고 합니다. 선교사가 왜 그랬는지 묻자, 아이들이 "내가 1등을 하면 다른 아이는 사탕을 못 먹잖아요"라고 했다지요. 이것이 우분투 정신입니다. 한정된 자원을 경쟁해서 쟁취하는 게임에서는 빌 게이츠처럼 행동하지만, 한계비용이 제로라서 무한대로 나눠주는 게임이라면 토발즈와 같이 우분투 정신으로 행동할 수 있겠지요?

오픈소스 운동은 어떤 성과를 이뤘을까요? 오픈소스 개념으로 개발된 소프트웨어는 전 세계 소프트웨어의 80%를 차지합니다. 스마트폰의 운영 체제인 안드로이드도 기본적으로 오픈소스랍니다. 요즘 많이 배우는 컴퓨터 언어인 파이썬도, 인공지능 소프트웨어의 개발에 사용되는 텐서플로(Tensorflow)도 오픈소스입니다. 오픈소스 운동이 없었다면 ICT 발전이 훨씬 더뎠을 거예요.

오픈소스 프로젝트에 참여하는 방법은 다양합니다. 문서의 맞춤법을 수정하는 정도로 작게 참여하거나, 다른 이가 쓴 소프트웨어를 검토하거나, 전체 프로젝트를 이끄는 리더 역할을 맡기도 합니다. 여러분들이 어떤 수준이라도 오픈소스 프로젝트에 참여가 가능해요. 개인 블로그 같은 플랫폼인 깃허브(github)를 이용하면 오픈소스 활동을 할 수 있습니다. 프로젝트마다 따로 깃허브 링크를 만들고 프로그램을 올리면 다른 사람들이 평가하거나 수정할 수 있습니다.

ICT 적정기술을 활용한 사례들

ICT를 적정기술로 활용하는 일이 생각보다 어렵지 않지요? 큰 돈을 쓰지 않아도 따뜻한 마음만 있으면 좋은 환경을 만들 수 있답니다. 그럼 ICT 적정기술이 사용된 사례에 대해 좀 더 알아봅시다.

● 마을을 살리는 JIT의 프로젝트

아이브릿지(ibridge)는 지속가능한 발전과 사회 혁신을 추구하는 NGO입니다. 2015년에 아이브릿지 청년들은 모잠비크의 알토 샹가니네(Alto

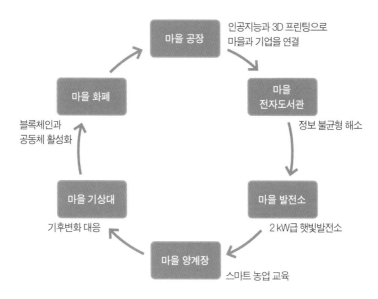

마을 공장 — 인공지능과 3D 프린팅으로 마을과 기업을 연결

마을 전자도서관 — 정보 불균형 해소

마을 발전소 — 2 kW급 햇빛발전소

마을 양계장 — 스마트 농업 교육

마을 기상대 — 기후변화 대응

마을 화폐 — 블록체인과 공동체 활성화

JIT의 마을 시리즈 프로젝트

Shanganine)에 가서 태양열 발전소와 인공지능 양계장을 지어 주었어요. 이곳은 아프리카 모잠비크에서도 전기 공급이 전혀 안 되는 지역으로, 전기 공급이 꼭 필요합니다. 그리고 빌앤멀린다게이츠 재단은 아프리카 빈곤 퇴치를 위해 닭 10만 마리를 기부했어요. 아프리카에서 최저 수준 생활비(빈곤선)가 700달러인데, 닭 5마리를 키우면 1년에 1,000달러까지 벌 수 있으니, 양계는 빈곤 퇴치에 큰 도움이 됩니다.

그런데 경주에 사는 손문탁 박사가 운영하는 JIT(Joy Institute of Technology)에서는 양계장을 효과적으로 관리하는 기술을 제공하고 있습니다. JIT는 ICT 적정기술의 보물창고 같은 기관이에요. JIT의 마을 시리즈 6가지 프로젝트는 가난한 마을을 살리는 기술입니다. 이 기술은 가난한 사람들에게 돈 버는 방법을 가르치는 기술로, 새마을운동 중앙연수원에서 배울 수 있어요. 국내는 물론 세계 여러 나라의 공무원들이 배워 간답니다.

마을 시리즈 프로젝트는 마을 발전소, 마을 전자도서관, 마을 양계장, 마을 은행, 마을 공장 등을 건설하는 사업입니다. 각 프로젝트마다 설계도, 부품, 조립도, 운영 지침서가 있어서 누구나 이를 보고 따라 만들 수 있습니다. 핵심 부품은 저전력 초소형 리눅스 서버예요. 리눅스는 무료로 사용 가능한 오픈소스라는 건 이미 알고 있지요? 서버는 성능 좋은 컴퓨터라고 생각하면 됩니다. 초소형 초저전력 리눅스 서버는 전력 소모가 워낙 작아서 태양광 패널로도 작동 가능합니다. 와이파이 무선 통신 기술의 발전 덕분에 마을 단위의 폐쇄형 무선랜 인트라넷 구축 또한 어렵지 않습니다.

서버와 무선랜망을 통하면 마을에 정보를 제공하고 각종 자동화 작업도 수행할 수 있습니다. 그리고 마을은 무선 통신과 스마트폰을 통해 세계와 자유롭게 소통 가능합니다. 주민들은 SNS를 통해 교류하고 웹 브라우저를 통해 정보를 얻지요.

마을 시리즈의 첫 단계로 마을에서 다양한 정보가 오고 갈 수 있게 ICT 마을 센터를 세우고 태양광 기반의 마을 발전소를 구축합니다. 현지 주민들이 발전소를 쉽게 만들 수 있게 발전소의 각종 부품은 규격화, 모듈화 합니다. 마을 발전소에서 전기가 생산되면, 마을 전산소의 서버와 무

마을 전산소　　　　　마을 양계장(왼쪽) 안에는 자동조절되는 사료공급기(오른쪽)가 있다.

선랜 통신기에 전기를 공급합니다. 그러면 무선랜 마을 전자도서관도 구축할 수 있습니다.

그 다음으로 기상 센서를 활용하여 기상 데이터를 수집하는 마을 기상대를 구축합니다. 마을 기상대에서 수집한 기상 데이터는 마을 전산소의 데이터베이스에 저장합니다. 마을 전체를 와이파이망으로 연결하면 주민들은 저장된 기상 데이터를 언제든 볼 수 있습니다. 이러한 정보를 농업에 활용하면 농작물을 스마트하게 더 잘 키울 수 있어요.

두 번째 단계로 농업을 도와주는 마을 양계장과 상업 거래를 하는 마을 은행을 만듭니다. ICT 마을 센터를 통하여 정보화 서비스가 제공되면 스마트 마을 양계장을 만들 수 있어요. 마을 양계장을 만들고, 그 안에 사료 및 물 공급기, 조명 및 환기 제어기를 설치한 뒤, 마을 양계장과 마을 전산소를 유선이나 무선으로 연결합니다. 마을 양계장에 있는 닭이 병들거나 외부에서 동물이 침입하면 큰일이지만, 사람이 늘 지켜 보긴 어렵잖아요? 그래서 마을 양계장과 마을 전산소를 연결하여 닭의 운동량을 감지하고 다른 동물이 침입하는지 감시합니다. 물과 사료 공급, 환기, 조명도 자동 조절 되도록 만들었지요. 그야말로 스마트 양계장으로, 주민들이 닭을 키우면서 스마트 농업을 체험할 수 있습니다.

다음으로 마을 은행과 마을 화폐를 도입합니다. 마을 서버에서 마을의 공동 계정 및 주민들의 개별 계정을 생성합니다. 마을 은행에서는 디지털 가상화폐 기술을 활용한 마을 화폐를 이용하면서 마을 전산소의 사용자로부터 돈 받는 업무를 투명하게 자동 수행합니다. 그리고 마을 서버를 운용하는 데 필요한 자금을 효과적으로 관리하지요.

세 번째 단계로 제조업체인 마을 공장을 만듭니다. ICT 마을 센터의 마을 전산소 서버를 이용하면 3D 프린터 기반의 마을 공장을 운영할 수 있어요. 마을 전산소 서버가 가동되면 국제 비정부기구(NGO)로부터 3D 프린팅 부품 제작을 의뢰받고, 마을 공장에서 부품을 제작합니다. NGO는 마을 전산소 서버를 통해 마을 공장의 3D 프린터를 원격 제어하면서 설계도 대로 프린팅하여 부품을 만들어냅니다. 마을 공장에서는 3D 프린터로 만든 부품을 연마, 도색, 조립합니다. 마을 전산소 서버는 작업 과정을 촬영 가능하므로 영상을 통해 NGO와 소통할 수 있습니다.

● ICT 교육을 위한 다양한 콘텐츠의 개발

오픈소스 운동의 산물로 칸 아카데미, 위키피디아와 같은 다양하고 수

준 높은 교육 콘텐츠들이 개발
되었습니다. 무들(Moodle)과
같은 온라인 학습관리 시스템
도 오픈소스로 제공됩니다. 아
두이노, 라즈베리 파이와 같은
오픈소스 하드웨어의 발달을

칸 아카데미의 AI 과정

바탕으로, 인터넷과 전기가 없는 지역에서도 태양광 발전 장치와 사설 인
터넷을 활용하면 온라인 교육 환경을 구축할 수 있습니다. 여러 NGO와
기관들이 오픈소스 교육 콘텐츠를 활용하고 협력하면서 더욱 효과적인
ICT 교육 환경이 만들어지고 있어요.

앞으로 ICT 교육이 가능한 교사가 더 많이 필요합니다. 교사는 칸 아카
데미, 위키피디아 외에 수백 권 분량의 문학 작품, 미국 교과서, 마이크로
소프트 오피스 기능을 배우는 콘텐츠 등을 활용한 교육 과정을 가르칠 수
있어야 합니다. 그리고 와이파이 기반의 사설 인터넷 서버에서 교육이
가능하도록 기본적인 ICT 교육 역량도 지녀야 하지요. 소외 지역인 시골
에서는 교사가 더욱더 부족한 실정입니다. 기존 교사에게 ICT 역량 강화
교육을 실시하는 동시에, 현지 대학생을 교사로 양성하는 시스템을 만들
고 ICT 교육을 해야 합니다.

● 저소득국 젊은이에게 동기를 부여하는 오픈소스 운동

ICT 적정기술의 궁극적인 목적은 지원 받는 나라의 경제적 자립입니

다. 이를 위하여 가장 중요한 목표는 기업가 정신을 심어주고 창업을 활성화하여 경제를 활성화하는 것이죠. 4차 산업혁명 시대로 들어서면서 ICT를 활용한 창업이 매우 중요해졌습니다. 그런데 저소득국가는 선진국과 비교해 디지털 격차(정보 격차, digital divide)가 더 심화되고 있어요. ICT 창업 환경 역시 매우 낙후된 상황입니다.

그러나 저소득국가 젊은이들에게 동기를 부여하면 변화가 일어납니다. 저소득국가 젊은이들이 온라인으로 ICT 기술을 교육 받고, 자신의 아이디어와 작업 내용을 전 세계 사람에게 전파할 수도 있어요. 앞에서 인도의 법률 전문가가 미국 회사에 서비스 하듯이, 저소득국가에 살든 선진국에 살든 오픈소스 운동에 기여할 수 있지요.

제인 맥고니걸은 세계은행의 지원을 받아 이보크(EVOKE)라는 게임을 만들었습니다(www.urgentevoke.com). 이보크는 아프리카인의 창의성을 발휘하여 적은 자원으로 문제를 해결해 나가는 게임이에요. 2010년 봄에 실시된 첫 번째 게임에서 사하라 사막 이남 지역 출신 학생 2,500명을 포함, 총 19,000명이 참가하여 10주만에 35,000개 이상의 미

게임 이보크에 대해 설명하는 제인 맥고니걸

래 창조 미션을 완수했어요. 서구의 기술력에 아프리카인의 현장 지식과 창의성이 결합되어 대성공을 거두었지요.

ICT 적정기술이 여는 새로운 문

많은 저소득국가들이 우리에게 ICT를 배우고 싶어 합니다. ICT 소프트웨어나 서비스 분야에서는 저소득국 사람들에게 고기를 잡는 기술을 가르칠 수 있어요. 때로는 저소득국 사람들이 우리보다 더 잘할지도 몰라요. 그러므로 ICT 적정기술과 관련해서는 '지적인 겸손'을 지니는 태도가 매우 중요합니다(지적인 겸손은 구글에서 신입 사원을 채용할 때 가장 중요시하는 덕목이라고 합니다).

한국은 6.25 전쟁이 끝난 1953년에 세계에서 가장 가난한 나라였어요. 그래서 여러 나라로부터 도움을 받았지요. 그러나 이제는 다른 나라를 도와주는 나라가 되었습니다. 2019년 한 해에만 유엔을 통해서 다른 나라에 약 3조 원의 지원금을 제공했어요. 그래서 가난한 나라들은 한국을 배우려고 합니다. 한국은 예전에 가난했던 경험이 있는 나라이므로 자신의 사정을 잘 이해하리라 생각한다고 합니다. 이처럼 적정기술을 잘 전하기 위해서는 대상이 되는 사람들의 자존심을 항상 생각해야 해요. 자신을 무시한다고 느끼면 누구든 바로 마음의 문을 닫아버리지요.

앞서 얘기했듯이 지금은 아이디어의 시대입니다. 새로운 아이디어는 대개 융합에서 나옵니다. 몇 천 년 전부터 바퀴가 있었고, 가방도 있었어요. 그런데 바퀴와 가방을 붙이니 새로운 인기 상품 캐리어 가방이 탄생했습니다. 피카소가 아프리카 가면에서 영감을 얻어서 작품을 창작했듯이, 우리도 ICT 적정기술 활동으로 우리가 돕는 이들과 협력하면 새로운 아이디어를 창출할 수 있습니다.

백남준은 6.25 전쟁 직후 독일로 유학을 갔습니다. 백남준이 당시 유럽의 주류 예술인 회화나 자신의 전공이었던 바이올린을 계속했어도 성공했을까요? 그가 세계적인 선구자가 된 이유는 새로운 예술의 장을 열었기 때문입니다. ICT 적정기술이 여는 새로운 문은 어떤 모습일까요? 같이 꿈을 꾸어봅시다.

서덕영 경희대학교 전자정보대학 교수

서울대학교 원자핵공학과를 졸업한 후, 영상처리를 전공으로 미국 조지아텍에서 박사학위를 취득했다. 생산기술연구원에서 HDTV 개발에 참여하였고, 현재 경희대학교에서 전자정보대학 교수로 재직하고 있다. MPEG(Moving Picture Expert Group) 국제 표준화 회의에 한국 대표로 20여 년간 참가하였고, 관련해서 국제 등록 특허 70여 건을 보유하고 있다. 컴퓨터 게임 교육 및 개발에 관심이 있고, 저소득국가에서 ICT 교육을 돕는 활동을 준비 중이다. 현재 적정기술학회의 편집위원장을 맡고 있다.

www.medialab.khu.ac.kr Email: suh@khu.ac.kr

일주일 만에 컴퓨터 게임 만들기

준비물

인터넷이 연결된 컴퓨터

만드는 방법

- processing.org에서 프로세싱 소프트웨어(Processing software)를 다운로드해 컴퓨터에 설치한다.
- 1일차: 좋아하는 캐릭터를 그린다(변수와 기본 함수 개념 공부).
- 2일차: 해당 캐릭터를 움직이게 한다(내가 만드는 함수 공부).
- 3일차: 마우스와 키보드를 사용하는 게임 UI(user interface)를 구현한다.
- 4일차: 캐릭터를 여러 개 생성한다(클래스 개념 공부).
- 5일차: 자신의 게임을 설계하고 구현한다(객체 지향적 설계 및 애자일 설계 공부).

코딩과 수학을 전혀 모르는 예술 전공 대학생들이 첫 수업 후 프로세싱으로 그린 그림이다. 코딩으로 선, 사각형, 원 등 간단한 도형을 그리는 함수들과 색깔을 선택하는 방법을 익히면 그릴 수 있다. 다음의 첫 강의 링크를 참고해보자. *https://youtu.be/f9ZoT-m80-Y, https://youtu.be/h7ekMuFlUGw*

결과 및 더 알아보기

① 프로세싱은 개발자들이 자발적으로 개발한 무료 게임 엔진이다. 기본적으로 Java 언어를 사용하는 간단한 게임 엔진이며, 출력을 화면에 도형으로 나타낼 수 있어서 코딩을 직관적으로 이해할 수 있다.

② 프로세싱으로 코딩의 기본적인 개념을 익히면 유니티(Unity)나 언리얼(Unreal)과 같은 전문적인 게임 엔진에 도전해보자.

06
지구촌의 교육 문제를 해결하는 기술

신선경

여러분, 오늘 하루 어떻게 지냈나요?

아침부터 학교 수업을 듣느라 정신없이 보냈나요?

시험 걱정, 성적 걱정에 몸도 마음도 피곤한가요?

내일은 온 세상에 전기가 끊겨서 공부도 숙제도

시험도 모두 없어지면 좋겠다고 상상한 적은 없나요?

그런데 지구의 다른 편에는 공부하고 싶어도

하지 못하는 학생들이 있답니다. 기술을 활용하여

어디에 살든, 집안 형편이 어떻든, 여자든 남자든

모두 즐겁게 공부하는 환경을 만들 수 없을까요?

이런 질문에 답하기 위해 노력한 사람들의

이야기 속으로 함께 가봅시다.

왜 모든 어린이들이 교육 받지 못할까?

유니세프 보고서에 따르면, 2020년에 전 세계 어린이 10명 중 1명은 초등 교육을 받지 못하고, 5명 중 1명은 중등 교육을 받지 못했습니다. 그리고 글을 읽고 쓰지 못하는 어린이가 1억 명에 달했다고 합니다. 아이들의 교육 기회를 막는 가장 큰 요인은 '가난'입니다. 특히 소득이 낮은 국가일수록 빈부 격차에 따른 교육 차별이 심각하지요. 소득 수준이 중하위권인 국가에서 빈곤 가정의 자녀가 15세까지 교육 받는 비율은 가구 소득 상위 20% 가정의 자녀가 교육 받는 비율의 1/3에 불과하다고 합니다. 또한 사하라 이남 아프리카 지역의 빈곤국 20개국에서는 지방에 사는 여자 아이가 중등 교육을 마칠 가능성이 거의 없다고 합니다.

전쟁이나 자연재해를 겪는 지역은 문제가 더욱 심각합니다. 아프가니스탄같이 분쟁이 끊이지 않는 곳에서는 분쟁과 가난 때문에 전체 어린이의 절반이 초등학교를 졸업하지 못하며 370만 명은 아예 학교에 다니지 못한답니다. 시리아, 예멘, 수단에서는 계속되는 분쟁으로 어린이들이 목숨을 잃고, 남수단에서는 어린이 1만 9천 명 이상이 납치되거나 소년병으로 징집되어 책과 연필 대신 총을 들고 전장에 내몰리고 있습니다. 2018년에 대지진을 겪은 파푸아뉴기니에서는 지진으로 학교와 수도관 등이 파괴되어 교육도 제대로 못 받고, 마실 물도 씻을 물도 부족한 상태입니다.

어린이나 청소년은 경제적, 사회적으로 성인 보호자에게 의존할 수밖에 없으므로 자기 결정권을 행사하기 어렵습니다. 그리고 빈곤, 전쟁, 재난 등 극한 상황에서 어른보다 더 많은 어려움을 겪습니다.

2020년 11월에 유럽연합(EU)이 발간한 보고서 〈통합 유럽(Inclusion Europe)〉에서 유엔 사무총장인 안토니우 구테흐스는 "코비드-19 대유행으로 세계 10억 명의 장애인이 겪는 불평등이 더 심화되었다"고 말했습니다. 코로나19가 일반인뿐 아니라 감염증 위기에 더욱 취약한 장애인과 그 가족에게 영향을 미쳤으며, 특히 교육 분야의 불평등이 더 심각해졌음을 강조한 것이지요.

역사상 가장 큰 교육 참사라고 불릴 만큼, 코로나19의 확산은 전 세계 이린이 청소년의 교육 기회에 부정적 영향을 미쳤습니다. 2020년 4월에

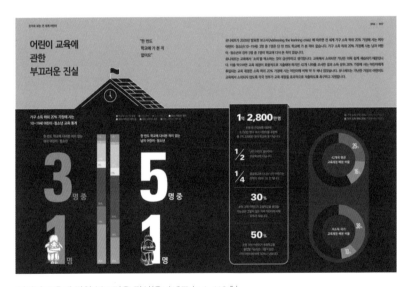

어린이 교육에 관한 부끄러운 진실(유니세프 뉴스 113호)

전 세계 약 190개국이 동시에 휴교령을 내렸을 때 수많은 학생들이 교육에서 소외될 위험에 처했습니다. 각국 정부는 교육 위기를 극복하기 위해 원격 교육 및 원격 학습을 대안으로 실시했습니다. 그러나 세계적으로 집에서 인터넷 연결이 안 되는 어린이와 청소년은 22억 명으로, 3명 중 2명은 집에서 인터넷에 접속하지 못합니다. 이런 경우 인터넷 기반의 교육 프로그램은 꿈과 같은 이야기지요.

열악한 교육 환경으로 인한 교육 문제

세계 여러 나라의 많은 어린이들이 교육 기회를 얻지 못하거나 차별을 겪는 것은 큰 문제입니다. 그러나 더 큰 문제는 교육 기회를 얻는다 해도

아프리카의 한 시골 학교 학생들이 교실도 교재도 없이 수업을 듣고 있다.

교육 환경이 너무 열악해서 제대로 공부하기 힘든 어린이들이 많다는 것입니다. 책상과 의자가 없어서 바닥에 앉아서 공부하거나, 교과서나 연필이 없어서 필기조차 못하는 학생들이 있습니다. 또한 100명에서 200명에 이르는 학생들이 비좁게 앉아 공부하거나, 자격을 제대로 갖추지 못한 선생님에게 배우는 경우도 많습니다.

2000년 이후 유엔 등에서 초등 교육 의무화를 위해 많은 노력을 기울이면서 초등학교에 다니는 학생의 숫자는 급증했습니다. 하지만 학생들을 수용하여 제대로 가르칠 교육 환경이나 교육 내용이 준비되지 않았습니다. 질적인 발전이 양적인 발전을 뒤따르지 못하는 상황으로, 아직도 교육의 질이 매우 낮지요. 유네스코 통계에 따르면 학교에 입학한 학생 중 절반 이상이 학업을 중도에 포기하는가 하면 사하라 사막 이남 지역 초등

말라위의 학생들이 책상도 걸상도 없이 바닥에 빽빽이 앉아서 수업을 듣고 있다.

학교 졸업생의 50%, 중학교 저학년생의 60% 이상이 낮은 수준의 읽기조차 제대로 하지 못하는 등 학업 성취도가 매우 낮은 상황입니다.

누구나 양질의 교육을 받는 세상을 위해

교육은 모든 인간이 누려야 할 기본 권리인 동시에, 한 사회가 발전하고 유지되기 위해 반드시 필요한 영역입니다. 사회 발전과 개인 발전에 미치는 교육의 역할과 힘은 막강합니다. 평등하고 질 좋은 교육 덕분에 세계 최악의 빈곤국이던 우리나라가 가난을 이기고 지금과 같은 번영을 누리게 되었어요.

인류가 폭력이나 차별에서 벗어나 자유와 평등을 실현하고, 여성, 아동, 노인, 장애인 들이 보호 받는 나라를 만들고, 죽음에 이르는 치명적 질병을 하나하나 정복한 것 모두 평등하고 질 좋은 교육 덕분입니다. 그러므로 누구나 질 좋은 교육을 동등하게 받도록 돕는 일은 세계를 더 살기 좋은 곳으로 바꾸는 희망의 씨를 뿌리는 일이 됩니다.

유엔과 같은 국제기구, 정부, 비정부기구(NGO)들은 교육의 중요성에 공감하며 그동안 많은 노력을 기울였습니다. 유엔은 2000년에 세운 새천년 개발 목표(MDGs)에서 '모든 어린이가 초등 교육을 받게 하자'는 목표를 정했고, 그 목표는 어느 정도 달성되어 학교에 다니는 학생들의 숫자가 많이 늘었습니다. 그리고 2016년에 유엔은 새로이 지속가능 개발 목표(SDGs)를 세웠습니다. SDG 중 하나로 모두에게 포용적이며 형평성 있는 교육을 보장하고 평생 교육의 기회를 증진한다는 목표를 정해 유엔은 각국 정부 및 민간 단체와 함께 이를 실천하기 위해 노력하고 있어요.

교육 문제를 해결하려면 사람들의 인식 변화나 제도 개선 등을 통해 문제의 중요성을 인식하고 해결할 문제를 발견하는 일이 중요합니다. 그리고 그 문제를 풀기 위한 구체적 방법과 도구를 개발하는 일도 필요합니다. 특히 실질적인 방법과 도구의 개발은 과학기술의 활용 없이는 불가능하지요. 예를 들어 먹는 물과 전기가 공급되는 학교를 지어 학교 환경을 개선해야 한다는 문제의식이 있더라도, 먹는 물을 공급하는 시설이나 발전 시설을 만드는 일은 과학기술자들의 몫이기 때문이에요. 이런 문제를 해결하기 위해 과학기술자들이 어떤 고민을 했을까요? 그리고 어떤 제품과 서비스를 개발했을까요? 다음 사례를 통해 함께 생각해 봅시다.

교육 문제를 해결할 적정기술

적정기술은 사람을 돕는 기술입니다. 그리고 더 나은 사회를 만드는 기술, 지속가능한 미래를 만드는 기술 그리고 모든 사람들이 쉽게 접하며 자족하게 하는 기술로 진화하고 있습니다(1장 참조). 그렇다면 교육의 기회를 얻지 못하거나 열악한 교육 환경으로 양질의 교육을 받지 못하는 사람들의 처지에 딱 맞게 설계되어 도움이 되는 적정기술 제품에는 어떤 것이 있을까요?

● 가방이 책상으로 변신하는 헬프데스크와 데스킷

인도 빈민 지역에 사는 학생 대부분은 책가방도 없이 비닐봉지에 책과 연필을 넣어서 등교합니다. 수업 시간에는 교실 바닥에 앉아서 선생님 말씀을 듣고, 엎드려서 필기를 하지요. 이런 학생들이 책가방이나 책상을 가지는 건 꿈 같은 이야기입니다. 이러한 문제를 해결하고자, 인도의 사회적 기업 아람브(Aarambh)는 디자이너들과 함께 헬프데스크 (HelpDesk)를 만들었습니다.

헬프데스크는 골판지로 만든 책가방 겸 책상으로, 등하교 시에는 가방으로 교실에서는 책상으로 변신하는 다용도 제품입니다. 평평한 골판지에 그려진 선을 따라 접기만 하면 책상이 뚝딱 만들어져요. 헬프데스크 가격은 20센트(USD), 한화로 약 250원에 불과합니다. 헬프데스크는 저렴한 가격 덕분에 인도 전역의 600개 학교, 10만여 명 학생들에게 공급되

가방 또는 책상으로 활용하는 헬프데스크

었습니다. 아람브 관계자들은 헬프데스크를 사용하면 학생들이 척추, 허리, 목의 통증에서 벗어날 수 있다고 강조하며, 책을 손으로 들거나 보자기에 싸 가지고 다니는 번거로움도 덜 수 있다고 말합니다.

그러나 헬프데스크는 단점이 있습니다. 폐지를 활용하여 만든 두껍고 튼튼한 골판지를 재료로 하므로 어느 정도는 튼튼하나, 물에 젖으면 오래 사용할 수 없어요. 이를 보완한 제품이 데스킷(DESKIT)입니다.

데스킷은 인도의 사회적 기업 프로속(PROSOC)이 만든 제품으로, 2019년에 이케아 부트캠프에서 공개되어 많은 주목을 받았습니다. 데스킷은 4천만 명에 이르는 6 ~ 14세 인도 학생들을 위한 제품이에요. 헬프데스크와 데스킷을 개발한 회사는 서로 다르지만, 열악한 학교 시설 문제를 해결하고 학생들에게 선물로 제공된다는 점에서 두 제품의 컨셉은 동일합니다.

프로속이 개발한 데스킷. 가방 겸 책상으로 사용 가능하다.

데스킷은 가방에 접이식 간이 책상이 붙어 있는 디자인입니다. 간이 책상은 가방에서 분리 가능하고, 2단으로 높이 조절이 가능하므로 사용자가 높이를 알맞게 조절하여 사용할 수 있습니다. 또한 완전 방수되는 천으로 제작하여 비가 와도 책이 젖지 않고, 내구성도 좋아서 1, 2년 이상 사용 가능합니다. 데스킷은 인도의 10개 주에서 2만 명 이상의 학생에게 보급되었고, 학생들은 데스킷 덕분에 허리를 곧게 편 상태로 수업을 편하게 듣게 되었어요. 이렇게 적정기술은 계속 진화합니다.

● 움직이는 시청각 교실 모비스테이션

모비스테이션(Mobistation)은 유니세프 우간다에서 발명된 시청각 교육용 도구입니다. 2013년에 우간다 학교에 처음 설치되었고, '상자 안의 디지털 학교'라는 별명이 붙었습니다. 이러한 별명이 생긴 이유는 태양광 충전이 가능한 노트북, 적은 전력으로도 작동 가능한 빔프로젝터, 카메라, 스피커, 마이크, USB, 배터리 등 시청각 교육에 필요한 도구들이 바퀴

모비스테이션(왼쪽)과 모비스테이션을 활용해 수업하는 교실(오른쪽)

가 달린 이동 가능한 가방 속에 들어 있기 때문입니다. 난민촌이나 오지 마을과 같이 교실 환경이 제대로 갖춰지지 않은 곳 어디라도 모비스테이션만 있으면 양질의 교육이 가능합니다.

모비스테이션은 태양광 패널을 사용하므로 전기가 필요 없어서 전기가 들어 오지 않는 지역에서도 간단하게 설치한 후 사용이 가능합니다. 또한 작동법이 간단하여 전문가 도움 없이도 업로드된 시청각 영상(인터넷 강의와 같은 영상)을 재생시키면 양질의 교육을 제공할 수 있어요.

모비스테이션은 교사 부족, 교재교구의 부족과 같은 중대한 교육 문제들을 해결하면서 교육의 질을 높이는 기특한 제품입니다. 전기와 인터넷 접속이 미비한 지역에서는 임시 학교의 역할을 하고, 지역사회에서는 주민 대상의 보건 교육에 활용되는 등 다양하게 사용되시요.

● 모든 이에게 컴퓨터를

2005년 1월에 스위스 다보스 세계경제포럼(WEF)에서 OLPC가 처음 선보였습니다. OLPC(one laptop per child)는 저소득국가 어린이들에게 배움, 정보, 커뮤니케이션을 가르치기 위해 개발된 100달러(USD)짜리 휴대용 컴퓨터를 나눠주는 프로젝트입니다. 매사추세츠 공과대학(MIT) 미디어 연구소의 교수진이 주축이 되어 개발, 추진되었지요. AMD, 이베이, 구글, 마벨 테크놀로지, 레드햇 등 여러 기업이 참여하여 저소득국가 어린이들에게 컴퓨터를 보급했습니다.

하지만 100달러라는 가격은 저소득국가 어린이들에게 너무 비쌌고, 전기나 인터넷이 공급되지 않는 환경에서 컴퓨터는 매우 제한적으로 활용되었습니다. 전기나 인터넷 사용이 가능한 도시 지역이라 해도 컴퓨터 기반의 교육 콘텐츠가 준비되지 않은 터라 컴퓨터로 할 수 있는 작업이 많지 않았어요. 결국 아쉽게도 이 프로젝트는 큰 성공을 거두지 못했습니다. OLPC는 좋은 취지로 시작해도 현지 사정을 정확히 파악하지 않고 공급자 중심으로 문제를 해결할 때 생기는 문제를 보여주는 사례로 남게 되었지요. 하지만 저개발국 학생들에게 컴퓨터를 보급하려는 뜻은 여전히 많은 사람들의 마음속에 남아 있습니다.

OLPC에서 개발한 XP노트북(왼쪽)과 XP노트북을 활용하는 인도 어린이(오른쪽)

그 후로 8년이 지난 2013년 3월에 인도 정부는 캐나다 업체 데이터윈드(DataWind)와 손을 잡고 학생들을 위한 초저가 컴퓨터 아카시(Aakash)를 개발하여 보급하기 시작했습니다. 안드로이드 기반의 PC인 아카시는 7인치 화면에 2GB램이 설치되고, 하드디스크 대신 메모리카드를 사용하도록 설계되었습니다. 기존 태블릿 PC와 기능이나 형태 면에서 차이가 없지만, 가격은 놀랄 만큼 저렴합니다. 일반인 대상 판매가는 2,236루피(약 47,000원)며, 학생의 경우는 정부 지원을 받아 1,132루피(약 22,000원)면 구입 가능했습니다(2013년 당시 환율 기준).

아카시는 출시되었을 때 많은 사람의 관심을 끌었으나, 아쉽게도 배터리 지속 시간이 짧고 작동상 문제가 발생하면서 성공적으로 보급되지 못하고 사업이 중단되었습니다. 사용자에게 필요한 제품을 사용자 형편에 맞는 가격으로 만드는 일이 쉽지 않음을 다시 생각하게 하는 대목입니다. 앞으로 여러분 중에 이 문제에 도전할 인재가 나오길 기대해 봅니다.

영국 잉글랜드의 라즈베리 파이 재단은, 학교와 저소득국가에서 컴퓨터 기초 교육을 증진하기 위해, 세상에서 가장 작고 값싼 컴퓨터 라즈베리 파이(Raspberry Pi)를 개발했습니다. 라즈베리 파이는 OLPC나 아카시처럼 완제품 PC가 아니라, 신용카드 크기의 싱글 보드 컴퓨터입니다. 보통 PC라고 부르는 개인용 컴퓨터는 큰 본체에 메인보드와 CPU, RAM 등

세상에서 가장 저렴한 태블릿 PC 아카시

라즈베리 파이

여러 부품이 장착되지요? 싱글 보드 컴퓨터는 하나의 작은 본체 안에 컴퓨터 기능이 한꺼번에 들어가 있어요. 여기에는 컴퓨터의 기본적인 요소들이 들어 있고 자체적으로 OS 구동이 가능하여 서버로 사용 가능합니다. 카메라를 연결하거나 GPU를 이용하면 미디어 서버로도 사용할 수 있지요. 실로 사용법이 무궁무진하답니다. 라즈베리 파이 최초 모델의 가격은 35달러(USD)로 매우 저렴하여 컴퓨터가 필요한 다양한 분야에서 활발하게 쓰이고 있습니다.

● 오지 마을로 찾아가는 전자도서관

레이첼(RACHEL: Remote Area Community hotspot for Education and Learning)은 지역 공동체가 교육과 학습을 위해 만든 사설 무선 전산망입니다. 인터넷이 연결되지 않는 오지에 60만 원 미만의 비용으로 전자도서관을 만들 수 있지요. 가난하고 소외된 사람들에게 양질의 교육 콘텐

레이첼 코렉션 3.0

레이첼에 접속하여 정보를 검색하는 학생들

츠를 제공할 길을 열어 준 고마운 무선 전산망 서버입니다. 인터넷 연결이 안 되는 곳에서도 메모리카드와 컴퓨터를 활용해 무선랜망을 만들고 반경 수십 미터 범위에서 구성원들이 콘텐츠에 접근할 수 있게 설계되었습니다.

레이첼은 미국 캘리포니아의 비영리단체 월드파서블(World Possible)에서 만들어 보급했고, 라즈베리 파이 또는 인텔 CAP 컴퓨터에서 와이파이(Wi-Fi)를 통해 온라인 무료 교육 콘텐츠를 볼 수 있게 합니다. 또한 휴대폰, 태블릿, 노트북, 데스크탑 등 와이파이를 통해 데이터를 수신하는 장치가 있으면 레이첼을 통해 서버로 교육 콘텐츠에 접속하도록 설계되었습니다. 레이첼은 53개국 이상에 보급되어 시골 학교, 지역 공동체, 심지어 교도소에서도 학생들에게 교육 컨텐츠를 제공하고 있어요.

한편, 한국에는 손문탁 박사가 만든 '솔라 무선도서관'이 있습니다. 솔라 무선도서관은 휴대폰도 컴퓨터도 없는 학생들을 위한 제품입니다. 레

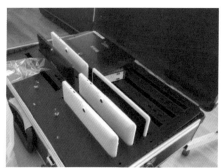 

손문탁 박사가 개발한 솔라 무선도서관 　　　솔라 무선도서관 소개 포스터

이첼을 넣은 플래쉬 메모리카드와 라즈베리 파이 컴퓨터를 활용하여 무선랜망을 만들고 반경 수십 미터 범위에서 콘텐츠에 접근할 수 있게 했습니다. 그리고 태블릿 10대와 태양광 패널로 태블릿 10대를 충전하는 가방을 자체 제작하여, 전기도 컴퓨터도 없는 지역의 학생들도 사용 가능합니다. 학생들은 어디서나 충전된 태블릿을 꺼내 책을 읽거나 동영상 강의를 시청하고 전자사전 등을 이용해 공부할 수 있습니다. 공부를 마치고 가방에 태블릿을 도로 넣으면, 가방 안의 무선 충전장치가 태블릿을 자동으로 충전합니다.

이븐메이커(EVENMAKR)는 한국 대학생으로 구성된 팀입니다. 이븐메이커는 탄자니아의 봉사활동 경험을 바탕으로, 전기나 인터넷이 없는 학생들을 위해 좀 더 값싸게 전자도서관을 구축할 방법을 고민했습니다. 레이첼은 60만 원 상당의 비용과 전기가 필요하므로, 전기나 인터넷이 공급되지 않는 가난한 학생들에게는 그림의 떡이었습니다. 궁리 끝에 이븐

탄자니아의 아루샤 지역 학생들이 쉐이프를 활용해 공부하고 있다.

메이커는 레이첼을 대체하는 쉐이프(SHAPE)를 개발했습니다.

쉐이프는 유치원부터 고등 과정까지 필요한 교육 콘텐츠를 라즈베리 파이에 담아 자유롭게 내용을 검색하며 활용하게 한 제품입니다. 메모리 카드를 통해 콘텐츠 변경이 가능하며, 전력 소모를 최소화하여 전기가 없는 곳에서도 충전을 하면 사용할 수 있습니다.

이븐메이커 팀은 쉐이프의 프로토타입 20대, 서버 PC 3대, N컴퓨팅 터미널 솔루션을 이용해, 세 곳에 PC 21대와 전자도서관을 설치하고 이를 활용한 교육을 실시했습니다. 그리고 지속적으로 제품 성능을 개선하는 중입니다. 아직 정식 제품으로 시판되지는 않았으나, 현지 사정을 최대한 반영하여 100달러(USD) 이하의 저렴한 가격으로 양질의 교육 자료를 접하게 만든 제품이라는 점에서 큰 의미가 있습니다.

위에서 소개한 여러 종류의 전자도서관이 제 역할을 하는 데는 여기에 들어가는 무료 온라인 콘텐츠의 공이 큽니다. 수학, 예술, 컴퓨터 프로그래밍, 경제, 과학 등을 무료로 학습하는 칸 아카데미, 지식 공유 백과사전 위키피디아, 누구나 무료로 책을 받아 읽는 전자문서 프로젝트인 구텐베르크 프로젝트 등과 같이 공익을 우선하는 무료 교육 콘텐츠가 없었다면 전자도서관은 제 구실을 하지 못했을 거예요. 이러한 무료 콘텐츠를 구축한 사람들의 노고를 잊지 말아야 합니다. 이렇듯 적정기술은 한 사람 혹은 한 팀의 노력이 아니라, 여러 사람과 여러 팀의 협력을 통해 이루어집니다.

● 게임하며 스스로 배우는 킷킷스쿨

에누마(Enuma)에서 개발한 킷킷스쿨(Kitkit School)은 전 세계 모든 아이들이 자기 속도에 맞춰 재미있게 공부하도록 만든 학습 소프트웨어입니다. 게임을 통해 읽기, 쓰기, 그림 그리기 등 학생들이 기본적으로 배워야 하는 내용을 스스로 익힐 수 있어요.

킷킷스쿨은 제대로 된 교육 환경에서 공부한 적이 없는 낙후된 지역의 학생이나 장애 학생을 주된 사용자로 하여 개발되었다는 점과 학생들이 지식을 더 많이 배우기보다 스스로 공부하는 힘을 기르는 데 중점을 두었다는 점에서 주목을 끌었습니다. 철저하게 학습자 중심으로 설계되고,

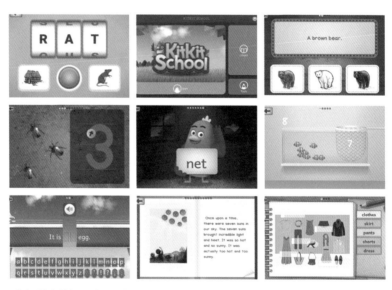

킷킷스쿨의 학습 콘텐츠는 태양, 풍뎅이, 돌멩이 등 일상생활 속에서 쉽게 접할 수 있는 자연물을 활용한다.

꼼꼼한 현장 조사와 사용자 관찰을 통해 사용자에게 가장 적정한 방식으로 개발되었습니다. 그리고 색맹이나 난청 등 장애를 지닌 어린이들도 학습에서 소외되지 않도록 하는 진정한 적정기술 제품이라고 할 수 있습니다.

킷킷스쿨 역시 많은 시행착오를 거쳐 개발되었습니다. 개발 초기 단계에 탄자니아 어린이들에게 제품을 주고 사용하는 모습을 관찰했을 때, 탄자니아의 오른손잡이 아이들은 무조건 화면의 오른쪽 버튼부터 눌렀다고 해요. 대다수 나라에선 어려서부터 글 읽는 연습이 되어 왼쪽에서 오른쪽으로 읽는 반면, 탄자니아 아이들은 책을 볼 기회가 없었기 때문에 화면 내용과 상관없이 화면의 오른쪽부터 눌러보는 행동을 했던 것이죠.

게임 난이도를 설정할 때도 탄자니아 아이들은 학습 레벨을 1번부터 누르지 않고, 4번이나 8번 등을 먼저 누르는 바람에 학습에 어려움을 금방 느끼며 게임을 포기하기도 했습니다. 이러한 관찰 결과를 반영하여 에누마는 오른쪽 설정키와 난이도를 임의로 설정하는 방식을 없애고, 순서대로 열어주는 방식으로 시스템을 바꿨습니다.

또한 탄자니아 아이들은 책도 비디오도 없는 환경에서 성인이 될 때까지 자라며, 마을 밖으로 나가본 적도 없어서 게임에 사자가 등장해도 이해하지 못했습니다. 그래서 게임에 등장하는 동물, 식물, 음식 등을 탄자니아 아이들에게 익숙한 대상으로 모두 바꾸었습니다. 이러한 과정을 통해 완성된 킷킷스쿨은 2019년 5월에 '글로벌 러닝 엑스프라이즈'에서 대상을 수상했습니다.

저소득국 아동의 문맹 퇴치를 목적으로 총 1,500만 달러의 상금을 내걸고 장장 5년에 걸쳐 국제 경연 대회 '글로벌 러닝 엑스프라이즈'가 진행되었다. 최종 시상식에서 킷킷스쿨을 개발한 이수인·이건호 부부가 테슬라 창업자이자 대회 후원자인 일론 머스크(왼쪽 세번째)와 함께했다.

● 더 많은 학생이 학교에 올 수 있게, 솔라카우

아프리카 지역의 어린이 5명 중 1명은 학교에 가지 않습니다. 가축을 돌보느라, 집안일을 하느라, 여자라서 등 학교에 못 가는 이유는 다양합니다. 교육을 못 받으면 어른이 되어서도 좋은 직장을 얻지 못하므로, 가난에서 탈출하기 어렵습니다. 그래서 가난 때문에 어릴 때부터 노동하는 악순환이 대를 이어 되풀이됩니다.

에너지 소외 지역의 경우 불빛이 없는 저녁에 등유를 많이 사용하는데, 등유 가격이 저렴하지 않아 매일 사용하기에 경제적으로 부담이 됩니다. 그리고 발생되는 유해물질이 환경 및 건강에 부정적인 영향을 미치지요.

요크(YOLK)는 태양광 기술과 디자인을 활용해 사회 문제를 해결하는 회사입니다. 요크는 가정의 전기 공급 문제와 아이들의 학교 출석 문제를 한번에 해결하는 제품을 고민한 끝에 솔라카우(Solar Cow)를 만들었습니다. 솔라카우는 젖소 모양으로 생긴 충전기 본체와 우유병 모양 배

미국 시사주간지 〈타임〉이 선정한
'2019년 최고의 발명품 100선'에
뽑힌 솔라카우

터리로 이루어진 태양광 충전 시스템입니다. 탄자니아와 케냐 등 아프리
카 국가의 빈곤 지역 학교에 충전기를 두고 아이들에게 배터리를 나눠준
뒤, 아이들이 등교해 공부하는 동안 배터리를 충전했습니다. 마을 두 곳
에서 2년간 시범 사업을 실시한 결과, 학생들의 출석률이 사업 진행 전과
비교하여 10% 이상 높아졌고, 지금도 계속해서 상승 중이라고 합니다.

아프리카는 면적이 넓고 인프라가 부족해 금융이나 공공기관 업무 등
일상생활에 필요한 많은 일을 휴대폰으로 해결하지만, 전기가 보급되지
않은 곳이 많습니다. 어린 자녀까지 일터로 보내는 극빈층의 경우, 소득

의 약 20%를 휴대폰 충전소의 이용료로 사용합니다.

요크의 장성은 대표는 배터리 충전이 너무 빨리 완료되면 아이들이 학교에 잠시 들렀다가 다시 일하러 갈 수도 있고, 한 번에 충전되는 용량이 너무 많으면 부모들이 며칠 동안 아이들을 학교에 안 보낼 수도 있어서 회당 충전 속도와 충전 용량을 정하는 데 특히 신경을 썼다고 합니다. 고심 끝에 솔라카우 본체에 배터리를 4 ~ 5시간 꽂아두어야 충전이 완료되게 설계했습니다. 그리고 한 번 충전하면 휴대폰 한 대에 필요한 전력과 집안 전등을 하루 동안 밝힐 정도의 전력이 충전되도록 했지요.

솔라카우가 정착되기 위해서는 많은 노력이 필요했습니다. 현지 아이들이 사용법을 잘 이해하지 못해 그림을 그려서 사용법을 설명했어요. 그리고 배터리 충전 비용을 절약하면 가계에 얼마나 도움이 되는지 이해하지 못하는 사람에게는 '한 달간 솔라카우를 이용하면 닭 한 마리 살 돈을 절약하므로, 아이를 학교에 꼭 보내달라'고 집집마다 찾아가 설득했다고 합니다. 요크는 2년 안에 아프리카 아이 10만 명을 학교로 불러오는 것을 목표로 하며, 장기적으로는 에너지 보급을 통해 저소득국가의 아동 노동을 멈추고자 합니다.

● 사람과 사람을 이어주는 교육 서비스 기블

플러스코프(PLUSCOPE)가 개발한 교육 서비스 기블(Gible)은 저소득 국가 아이들의 외국어 교육 문제와 선진국 노인들이 은퇴 후 겪는 고립감과 외로움을 동시에 해결하기 위해 시작되었습니다.

기블(Give+enable)은 북미 지역 노령층을 선생님으로 선정해 저소득 국가 아이들과 연결한 뒤, 멘토링과 외국어 교육을 제공하는 서비스예요. 경험이 풍부한 노인 선생님은 아이들에게 다양한 분야의 지식과 지혜를 전해줍니다. 기블의 선생님으로는 미국, 캐나다, 한국의 퇴직 교사나 자원 봉사자가 활동하고 있습니다. 그리고 에티오피아, 마다가스카르, 르완다, 잠비아, 레바논, 브라질, 도미니카공화국의 어린이들이 기블의 선생님과 연결되어 교육 받고 있어요.

퇴직 교사 노인과 저소득국의 어린이가 함께하는
교육 서비스 기블

다른 영어 교육 서비스와 달리, 기블은 저소득국가 학교의 정규 교육에 활용 가능하게 설계되었습니다. 현지 교사도 새로운 교육에 참여할 수 있고 참여 교사가 아이들에게 더 좋은 영향을 주도록 설계되어 있지요. 또한 해당 지역의 열악한 전력 상황 및 인터넷 상황을 실시간으로 관리 감독하면서 문제 발생 시 즉시 대응 가능하도록 서비스를 개선해 나가고 있습니다.

이제까지 살펴봤듯이, 아직도 지구촌에는 풀어야 할 교육 문제가 많습니다. 그런가 하면 이러한 문제들을 깊이 생각하고 사용자들의 처지와 환경을 최대한 고려하면서 기술을 활용하여 문제를 해결하려고 노력하는 사람들도 많답니다. 사용자가 편하게 사용할 제품이나 서비스를 누구나 쉽게 구입할 수 있도록 저렴한 가격으로 만들어내는 일은 쉬운 일이 아닙니다. 그래서 여러 사람들이 함께하는 협력과 관심, 포기하지 않고 문제에 매달리는 열정과 헌신이 더더욱 필요하지요. 힘들지만 재밌고 보람도 있는 이 여정에 여러분도 함께하지 않겠어요?

신선경 (전)한국기술교육대학교 교양학부 교수 (현)지식놀이터자두나무 대표

서울대학교에서 국어학 전공으로 박사학위를 취득하였다. 한국기술교육대학교에 부임한 후, 공학교육혁신센터 부센터장, 교수학습센터 센터장을 맡아 공학교육 혁신에 힘써왔다. 현재까지 〈인간의 삶과 적정기술〉 교과목을 강의하고 있으며 12년간 GEP(Glocal Engineering Project)팀의 지도교수로 인도와 탄자니아 등지에서 적정기술 관련 활동을 지도해왔다. 현재 적정기술학회 교육부문 회장을 맡고 있으며,《적정기술의 이해(공저)》 집필에 참여하였다.

Email: skshin4@koreatech.ac.kr

07
바닷물을 먹는 물로 바꿀 수 있을까?

박헌균

세균이나 기생충 알로 오염된 물은 어떻게 하면

먹을 수 있을까요? 끓이거나 소독약을 넣거나

자외선을 쪼여서 살균하면 마실 수 있습니다.

모래나 먼지로 오염된 물은 오염물을 가라앉히거나

띄워서 제거하고, 필터로 거른 뒤 마실 수 있겠지요.

그러면 물속에 완전히 녹아 있는 불순물,

즉 소금이나 중금속 이온은 어떻게 제거할까요?

이런 경우는 물과 불순물이 분자 수준으로 섞여

있으므로, 불순물 제거가 매우 어렵고 에너지나

비용이 많이 필요합니다. 이 장에서는 물속의

불순물을 제거하는 적정기술에 대해 알아봅시다.

바다 동물은 몸속의 소금 농도를 어떻게 조절할까?

물은 지구 표면의 약 70%를 덮을 만큼 흔하지만, 마실 수 있는 물은 매우 적습니다. 지구상의 물 약 97%는 바닷물로, 사람이 마시지 못하는 소금물입니다. 염도가 높은 소금물을 마시면 몸(세포) 속의 이온 농도가 일정 수준 이상으로 높아지므로 생명이 위험해집니다. 필요 이상으로 들어온 염분은 몸 밖으로 배출해야 하지요.

사람은 콩팥에서 염분을 걸러내서 농도가 짙은 오줌으로 만들어 몸 밖으로 버리는 방식으로, 몸 안의 염분 농도를 일정하게 유지합니다. 이때 배출되는 오줌 농도를 무한정 진하게 하지는 못하므로, 몸 안에 있던 물도 함께 배출됩니다. 따라서 소금물을 많이 마실수록 몸 안의 물이 빠져나가서 목이 더 마르게 되지요. 만약 콩팥이 감당하기 힘들 정도로 많은 양의 염분이 몸에 들어오면 어떻게 될까요? 결국 몸 안의 이온 농도가 지나치게 높아져서 생존이 어려워집니다.

그런데 바다 동물은 바닷물을 마시고도 어떻게 몸의 염분 농도를 조절할까요? 일반적인 바닷물고기는 콩팥과 아가미에서 염분을 배출하면서 주변보다 체액의 농도를 낮게 유지합니다. 상어나 가오리와 같이 콩팥이 없는 연골어류는 아예 체액 농도를 높게 유지하며 살 수 있게 진화했지요. 바다사자나 바다표범과 같은 포유동물은 콩팥에서 염분을 걸러서 바닷물보다 7 ~ 8배 높은 농도의 오줌을 배출합니다. 이런 방식으로 몸속의 염분 농도를 주변 바닷물 농도보다 낮게 유지할 수 있어요.

콩팥 기능이 사람보다 뛰어난 바다 동물도 아주 많은 양의 바닷물을 마시면 건강에 문제가 생깁니다. 따라서 바닷물을 직접 마시지 않고, 주로 바닷물고기를 잡아먹으면서 그 속에 있는 수분을 섭취하는 방식으로 몸에 필요한 물을 얻는다고 합니다. 가끔은 빙산이나 땅으로 올라와 빗물이나 담수를 마시며 수분을 보충하기도 하지요. 또한 바다 동물은 대부분의 시간을 물속에서 보내므로, 육지 동물보다 수분 손실이 크지 않아서 상대적으로 필요한 물의 양이 적습니다.

바다 동물 중에는 몸속의 염분을 배출하기 위해 특별한 구조를 지닌 종류도 있어요. 바닷새 앨버트로스는 바닷물을 마시면 염분이 몸속으로 흡수되지 않고, 눈에 있는 소금샘으로 모입니다. 소금샘에 어느 정도 염분이 축적되면 부리 위의 콧구멍을 통해 염분을 흘러보냅니다. 바다거북 역시 눈물샘으로 염분을 배출합니다. 마치 눈물을 흘리는 것처럼 보이지요.

그러나 모든 바다 동물이 이처럼 특수한 능력을 지니게 진화하지는 않았습니다. 예를 들어 바다에 사는 바다뱀은 비가 많이 왔을 때 물을 많이 마셔서 몸 안에 저장해두는 방식으로 담수를 활용합니다. 사람도 특별한 도구 없이 바다에 고립되면, 바다뱀처럼 먹는 물을 저장하거나 운 좋게 비가 내리기를 기다릴 수 밖에 없겠지요.

다행히 현대에는 다양한 담수화 기술이 있어서 물속의 염분을 제거하고 담수를 얻을 수 있습니다. 만약 주거지가 강물, 호숫물, 지하수와 같은 담수를 쉽게 얻지 못하는 지역이거나, 바다에 가까운 지역이라면 해수 담수화를 고려할 만합니다. 바닷가가 아닌 내륙 지역이라도 지하수, 강물,

호숫물이 염분에 오염된 경우는 담수화 과정이 필요합니다.

예를 들어 사우디아라비아, 아랍에미리트, 쿠웨이트, 카타르 등 중동의 부유한 사막국가에서는 거대한 담수 공장을 운영하면서 필요한 담수 대부분을 얻습니다. 전 세계 담수 공장 용량의 반 이상이 중동 지역에 있다고 합니다.

그러면 중동 지역 말고 다른 곳에서는 담수 장치가 필요 없을까요? 사람은 누구나 물을 마셔야 하므로, 소금물만 있고 마실 물이 부족한 곳이라면 어디든 담수 장치가 유용합니다. 다만 대형 담수기는 가격이 너무 비싸고 관리가 어려우므로, 가난한 나라에서는 쉽게 설치하지 못합니다. 이런 경우에는 좀 더 작은 규모의 담수기가 적절하나, 일반적으로 담수기 규모가 작아질수록 같은 용량의 물을 만드는 데 드는 비용은 더 커지는 단점이 있어요(보통 생산 규모가 커질수록 생산 단가가 낮아지는 이런 상황을 '규모의 경제'라고 합니다). 따라서 부유한 나라일수록 저렴한 비용으로 담수를 만들고, 가난한 나라일수록 더 높은 비용을 들여야 물을 쓸 수 있게 됩니다.

이러한 문제를 해결하려면 비교적 적은 비용으로 소규모 담수화 장치를 만드는 적정기술이 필요해요. 그러면 적정기술이라 할 만한 소규모 담수화 기술을 살펴보기 전에, 현대에 일반적으로 쓰이는 담수화 기술에 대해 먼저 알아볼까요?

어떻게 바닷물을 담수로 바꿀까?

현대에 가장 많이 쓰는 담수화 기술로는 역삼투압 방식(막여과 방식)을 꼽을 수 있습니다. 물 분자는 통과시키지만, 염분 이온과 같이 물속에 녹아 있는 물질은 통과시키지 못하는 분리막(반투막)을 이용하는 방법입니다. 분리막을 중심으로, 양쪽에 녹아 있는 물질의 농도가 다르면, 농도가 높은 쪽에서 낮은 쪽으로 물 분자만 이동하므로, 분리막 양쪽에 압력(삼투압)이 생깁니다.

이러한 원리를 반대로 적용하면 담수화 기술로 활용 가능합니다. 분리막을 중심으로, 농도가 높은 쪽에 큰 압력(역삼투압)을 주면 염분 이온은 남고, 물 분자만 반투막을 통과하므로 담수를 얻을 수 있습니다. 삼투압 크기는 반투막 양쪽의 농도 차이에 비례하므로, 담수화 하려는 물의 염

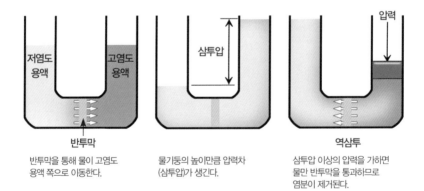

반투막		**역삼투**
반투막을 통해 물이 고염도 용액 쪽으로 이동한다.	물기둥의 높이만큼 압력차 (삼투압)가 생긴다.	삼투압 이상의 압력을 가하면 물만 반투막을 통과하므로 염분이 제거된다.

역삼투압 방식의 원리

분 농도가 높을수록 큰 압력을 주어야 합니다. 바닷물처럼 염분 농도가 높은 경우에는 매우 큰 압력을 가해야 하지요. 큰 압력을 주려면 장비 규모가 커져야 하므로, 역삼투압 방식의 담수 장치는 커질수록 효과적입니다. 따라서 초대형 담수 플랜트의 경우, 역삼투압 방식을 적용한 경우가 많습니다.

물론 규모가 작다고 역삼투압 방식을 적용하지 못하는 건 아닙니다. 다만 앞서 설명한 대로, 생산되는 담수량에 비해서 장비 가격이 높아지는 문제가 있습니다. 물속의 염분 농도가 높지 않은 경우, 예를 들어 지하수나 강물 등에 약간의 이온이 녹은 정도라면, 비교적 작은 압력으로도 담수화가 가능하므로 장치가 작아질 수 있습니다. 이처럼 소금물 농도가 낮거나 얻으려는 담수가 소량이면, 수동 펌프의 압력만으로도 담수 분리가 가능하지요. 예를 들어 카타딘사의 휴대용 수동 담수기(서바이버06)로 펌프질을 40번 정도 하면 작은 한 모금(15밀리리터) 정도의 물을 얻을 수 있습니다.

카타딘사의 휴대용 수동 담수기

고려할 사항도 있습니다. 분리막에 염분이 너무 많이 쌓이면 효율이 낮아지므로, 주기적으로 반대 방향으로 물을 흘려보내면서 분리막을 씻어내야 합니다. 수동 펌프식 담수기처럼 아주 적은 양을 얻는 경우를 제외하면, 물리적인 압력을 가하기 위해서 주로 전동 펌프를 사용하므로 전력 공급이 필수적입니다. 전력 공급이 어려운 지역이라면 발전기나 태양전지 등을 함께 설치해서 전기를 공급해야 하는데, 때로는 전력 공급 비용이 담수 설비 비용보다 높은 경우도 있습니다.

또 다른 담수화 방식으로는 축전식 탈염기술(CDI: Capacitive Deionization)이 있습니다. 소금물 속에는 양전하(+)와 음전하(-)를 띠는 이온이 들어 있습니다. 음전하와 양전하를 띠는 전극 사이로 소금물을 흘려보내면, 양이온은 (-) 전극 표면에, 음이온은 (+) 전극 표면에 붙으면서 이온이 제거됩니다. 전극에 너무 많은 이온이 붙으면 효율이 떨어지므로, 주기적으로 물을 흘려보내서 전극 표면을 씻어내고 재활용합니다. 이 방식은 전기적인 힘으로 염분을 제거하므로, 앞서 설명한 역삼투압 방식처럼 전력 공급이 필수적입니다.

역삼투압 방식이 염분과 물이 섞인 소금물에서 물을 뽑아내는 방식이라면, 축전식 탈염기술은 소금물에서 염분을 뽑아내는 방식입니다. 따라서 담수화하려는 물의 염분 농도가 낮은 경우에 특히 축전식 탈염기술이 유용합니다. 바닷물을 바로 담수화하는 경우보다는 소금기가 약간 포함된 지하수를 정제할 때 유용하지요. 또한 큰 압력이 필요하지 않으므로, 작은 규모로 담수화 장치를 만들

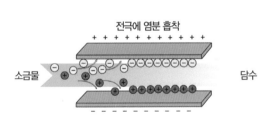

축전식 탈염기술은 양극과 음극 사이로
소금물을 통과시켜서 음이온과 양이온을 전극 표면에
붙게 해서 염분이 제거된 물을 얻는다.

때 유용합니다.

　마지막으로 증발식 담수화 방식이 있습니다. 소금물을 증발시킨 뒤 발생한 수증기를 다시 응축(액화)시켜서 담수를 얻는 방식입니다. 이렇게 용액을 증발시킬 때 용매만 증발하고 용질은 남는 성질을 이용해 소금물로부터 담수를 분리하는 원리는 인류가 수천 년 전부터 사용했고, 현대에도 많이 사용하는 원리입니다. 그리고 대규모 담수 플랜트에서 아주 작은 태양열 증류기에 이르기까지 널리 사용됩니다.

　현대적인 담수 플랜트에서는 에너지 효율을 높이기 위해 쉽게 증발되도록 압력을 낮추거나, 수증기가 응결될 때 발생하는 열을 소금물 증발에 재활용하기도 합니다. 소금물을 증발시키려면 많은 열이 필요하므로, 화력 발전소와 같이 많은 열이 발생되는 설비와 함께 건설하는 경우가 많습니다(이런 경우에는 장비 규모가 매우 커지겠지요). 장비 규모를 키울수록 비용 대비 생산 효율이 커지므로, 경제 능력이 있는 국가나 사회에서는 대규모 설비를 만들어서 더 저렴하게 담수를 얻을 수 있어요.

　하지만 증발식 담수화 방식은 아주 작고 저렴한 담수기를 만드는 데도 유용합니다. 역삼투압 방식이나 축전식 탈염기술은 기계적 펌프나 전기 회로와 같은 현대 기술이 필요하지만, 증발식은 가열 및 응결이 가능한 구조만으로도 담수화가 가능하

두산중공업이 건설한 증발식 담수 플랜트

기 때문이에요. 물론 규모가 작아지면 담수 플랜트에 비해 효율이 매우 낮아지지만, 대형 설비를 설치하기 어려운 상황에서는 단순한 기술이 유용합니다.

이제부터는 현지 사정에 알맞은 소규모 기술인 적정기술로 담수를 만드는 방법, 특히 태양열을 이용한 증발식 담수 기술을 알아보도록 해요. 전력 공급도 필요 없고, 간단한 재료만 있으면 만들 수 있으니까요.

간단한 증발식 담수화 기술

소금물을 담수로 바꾸는 방법 중 가장 간단한 방법은 증발식입니다. 소금물을 증발시켜서 수증기를 만들고, 만들어진 수증기를 다시 응결시켜서 물을 얻는 방법이지요. 이는 기원전 4세기에 아리스토텔레스가 논문집 《기상학(Meteorologica)》에서 소금물을 증발시키면 증기를 얻고, 이 증기를 응축시키면 민물이 되는데 다시 소금물로 되돌아가지 않는다고 언급했을 만큼 오래전부터 알려진 방법입니다. 사실 이러한 방식은 지구의 물 순환 방식과 가장 유사합니다. 태양열로 증발된 바닷물이 구름으로 응축되어 비나 눈으로 떨어지면서 강물과 호숫물이 되니까요.

오래전에 바다를 항해할 때 먹는 물을 얻는 방법은 필요한 양만큼 물을 배 안에 싣고 항해하거나, 빗물을 활용하는 방법뿐이었습니다. 이러한 방법은 지금도 유용하지만, 불의의 사고를 당해 실었던 물이 다 떨어지면 어떡할까요? 현장에서 바로 먹는 물을 만들 비상수단이 있으면 좋겠지요?

옛날 사람들은 비상수단으로 무엇을 생각했을까요? 서기 200년경에 고대 그리스 철학자 아프로디시아스의 알렉산더가 설명한 그림을 보면 짐작이 가능합니다. 그림을 보면 왼쪽 선원이 바닷물을

아프로디시아스의 알렉산더가 설명한 증류식 담수화 방법

통에 담고, 가운데 선원이 통 입구를 스펀지로 덮고 가열하고 있습니다. 그러면 증발된 수증기가 스펀지에 응축되겠지요. 오른쪽 선원은 스펀지를 짜서 담수를 마시고 있습니다.

위의 방식을 현대식으로 해석한 제품이 있습니다. 바로 튜브 형태의 비상용 태양열 담수기입니다. 평소에는 접어서 구명 보트에 보관하다가 식수가 필요한 비상 상황이 되면 튜브에 바람을 넣고, 내부에 바닷물을 약간 채워서 물 위에 띄워둡니다. 담수기 위쪽의 투명한 뚜껑을 통해서 들어온 햇빛이 검은색 바닥면을 가열하면서 바닷물을 증발시킵니다. 증발한 수증기가 안쪽 면에 맺혀 흘러내리면서 한쪽 끝에 연결된 물통에 모이게 되지요. 물을 증발시키려면 상당한 에너지가 필요합니다. 만약 화석 연료나 전력 공급이 어려운 상황이라면 이처럼 태양 에너지를 활용하는

튜브 모양의 비상용
태양열 담수기

방법이 유용합니다.

　이외에도 다양한 모양의 증발식 담수기가 있습니다. 워터콘은 원뿔 형
태의 증발식 담수기입니다. 검정 접시에 소금물을 담고, 워터콘으로 덮
은 뒤 햇볕 아래 두면 소금물이 증발하고, 만들어진 수증기가 워터콘 안
쪽 벽에 맺혀 흘러내리면서 아래쪽 홈에 고이도록 설계되었습니다. 물이
고이면 워터콘을 열고 기울여서 따라낼 수 있습니다. 워터콘 여러 개를
겹쳐서 부피를 줄이면 쉽게 운반, 보관할 수 있어요.

　표면에 맺힌 물방울을 모으기 위해 편의상 원뿔 모양을 선택하는 경우
가 많지만, 태양열 담수기는 다양한 형태로 개발 가능합니다. 태양열 담
수기 솔라볼(Solarball)은 공처럼 생겼습니다. 아래쪽 검은색 반구에서 태
양열을 흡수하여 수증기를 증발시키고, 증발된 수증기는 투명한 위쪽 반

워터콘

구의 안쪽 면에 응축시켜서 담수를 얻습니다.

솔라볼은 호주 모나쉬대학 산업디자인과 학생인 조나단 리오우가 개발했습니다. 리오우는 2008년에 캄보디아를 여행하면서 저렴한 개인용 담수기에 대해 고민하다가 솔라볼을 개

솔라볼

발했다고 합니다. 솔라볼은 2011년 호주 디자인 어워드 최종 후보에 올랐습니다.

가브리엘 디아만터가 디자인한 엘리오도메스티코(Eliodomestico)라는 항아리 형태 담수기도 있습니다. 사용 방법은 다음과 같습니다. 먼저 손잡이가 달린 검정색 뚜껑을 열고 소금물을 넣은 다음, 뚜껑을 닫아서 태양 아래 둡니다. 그러면 검정색 면이 태양 에너지를 흡수하여 안쪽에 담긴 소금물을 증발시킵니다. 증발된 수증기는 노즐을 통해서 항아리 아래쪽에 있는 물 그릇에 모여요. 수증기가 잘 응축되려면 아래쪽 그릇은 가능한 차갑게 유지되어야 하겠지요? 이를 위해 공기를 잘 통하게 하려고 항아리 벽에는 바람 구멍을 만들었습니다. 저소득국에서도 쉽게 빚어 만들어서 활용하도록 항아리 형태로 만들었다고 해요.

태양열 증류식 담수기는 누구라도 주변 재료를 이용해서 쉽게 만들 수 있습니다. 심지어는 투명한 비닐 한 장과 컵 한 개만으로도 설치할 수 있어요. 땅에 구덩이를 만들고 그 위에 투명 비닐을 덮은 다음, 비닐 아래

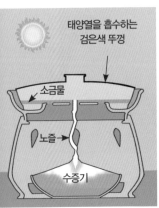

태양열을 흡수하는
검은색 뚜껑

소금물

노즐

수증기

항아리 형태의 담수기 엘리오도메스티코

물컵을 두기만 해도 담수 장치가 완성됩니다. 구덩이에 있는 습기가 햇빛에 증발해 수증기가 되어 투명 비닐 안쪽에 맺힌 다음 가운데로 흘러내리면서 아래쪽에 둔 물컵에 모이게 되지요.

그런데 여러분이 여러 가지 증류식 담수기를 직접 만들어서 실험해보면, 이론적인 생산량보다 훨씬 적은 양의 물밖에 얻지 못해 실망할 수 있어요. 이는 소금물을 증발시켜서 수증기를 모으는 과정에서 에너지 손실이 매우 크기 때문입니다. 특히 가열된 열기가 장치의 외벽을 통해서 빠져나가 버리거나, 증발된 수증기가 장치 틈새로 새어 나와서 효율이 낮아지는 경우가 많습니다. 따라서 실제로 태양열 증류기를 만들 때는 수증기가 외부로 빠져나가지 않도록 잘 밀봉해야 하며, 물방울이 맺히는 면을 제외하고는 열기가 빠져나가지 않도록 잘 단열해야 합니다.

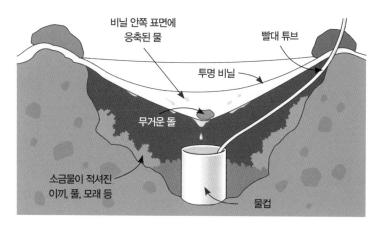

비닐 안쪽 표면에 응축된 물

빨대 튜브

투명 비닐

무거운 돌

소금물이 적셔진 이끼, 풀, 모래 등

물컵

손쉽게 만드는 태양열 증류식 담수기

효율을 높인 증발식 담수화 기술

새는 에너지를 최대한 줄여도, 태양열 증류기로는 크기에 비해 만들 수 있는 담수량이 얼마 안 됩니다. 소금물을 증발시키기 위해 태양 에너지(증발열)를 흡수하고, 수증기를 다시 물방울로 응결시키면서 에너지(응축열)를 장치 바깥으로 내보내므로 에너지 효율이 낮기 때문이에요. 만약 잃어버리는 에너지(응축열)를 소금물 증발에 재활용한다면 좀 더 효율을 높일 수 있습니다. 이러한 방식을 다중효용 방식이라 부릅니다. 앞서 설명한 대규모 증발식 담수 플랜트에서 일반적으로 사용되는 방식이지요.

약 50년 전에 개발된 다중효용 태양열 증류기를 한번 볼까요? 여러 장의 판이 일정 간격으로 배치된 형태로, 판 한쪽 면에 붙은 헝겊에서는 계속 소금물을 흘려보내면서 증발시키고, 반대쪽 면에서는 수증기가 응축됩니다. 판의 앞쪽 면에서 수증기가 응축되면서 나오는 에너지(응축열)를 그 뒷면에서 수증기를 증발시킬 때 재활용할 수 있습니다. 판이 3개라면 에너지(응축열)를 세 차례 재활용할 수 있지요. 이런 식으로 판을 10 ~ 20개 겹쳐서 증류기를 만들면, 1제곱미터 면적에서 하루에 10 ~ 20리터 담수를 얻을 수 있음이 밝혀졌습니다.

이러한 담수기 구조는 20세기 초부터 알려졌고 생산 가능한 담수량도 많지만, 실생활에 널리 쓰이지 않았습니다. 그 이유는 구조가 복잡하며, 담수기를 구성하는 유리판, 금속판, 나무 상자 등의 재료가 너무 무겁고 가격 또한 비싸서 제작 비용이 너무 높기 때문이었습니다. 하지만 최근

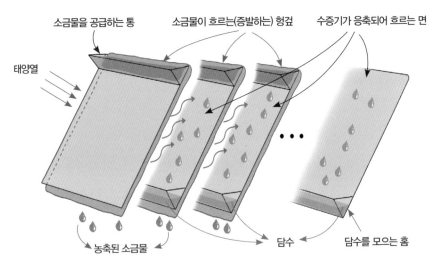

다중효용 태양열 증류기의 원리

에는 이러한 단점을 극복한 새로운 기술이 개발되고 있습니다.

바로 이 글을 쓰고 있는 제가 개발한 개인용 태양열 담수기입니다. 무겁고 비싼 유리나 금속판 대신, 투명한 플라스틱판이나 포장용 스티로폼, 농업용 필름과 같이 가볍고 저렴하며 가공이 용이한 소재를 사용했습니다. 담수기 무게는 수 킬로그램 이하로 운반이 용이하고, 하루에 수 리터의 물을 안정적으로 생산 가능하지요. 특히 전 세계 어디서든 쉽게 구하는 소재를 활용했고 칼이나 송곳 등 단순한 도구를 써서 제작 가능하므로 현지에서 쉽게 생산 가능합니다.

적정기술 대부분이 그렇듯이, 담수기도 실제 사용되는 지역과 사회에 따라 최선의 성능을 내도록 최적화해야 합니다. 그러려면 실제 환경에서 시험해봐야겠지요. 앞서 설명한 개인용 태양열 담수기를 개발, 시험, 보급하기 위해 설립된 (주)솔라리노는 곧 기본형 개발을 완료하고, 이를 바탕으로 전 세계 누구나 참여하는 개발/실증 프로젝트인 '소살리노 프로젝트(SOSALINNO: SOlar deSALination INNOvation project)'를 실행하려고 구상 중입니다.

프로젝트 내용은 다음과 같습니다. 세계 각국의 참여자에게 조립 가능한 기본 부품을 배송하고, 조립 및 사용 방법을 매뉴얼이나 유튜브 동영상 형식으로 공유합니다. 참여자들은 기본 부품을 구매해서 조립하고 시험한 뒤, 다시 자신들의 환경에 맞도록 변형하고 개선하면서 그 결과를 공유합니다. 여러 사람들의 연구 결과는 주제별로 모은 뒤, 기여한 참여자들 모두의 이름으로 공동 논문을 쓰거나 국제 학회 등에서 발표합니다. 전문

과학자나 공학자가 아닌, 학생이나 일반인도 세계의 물 부족 문제 해결을 위한 연구에 직접 동참할 수 있는 기회가 되는 것이지요. 개발이 좀 더 진행되면, 유튜브나 카카오톡 등의 SNS를 통해서 참여자를 모집할 계획입니다(키워드: sosalinno, solarinno, Hunkyun Pak, 소살리노, 솔라리노, 박헌균 등). 참여자 모집 전이라도, 소살리노 프로젝트에 관심이 있는 분이라면 이메일을 통해 저와 소통이 가능합니다(sosalinno@gmail.com).

공기 중의 수증기를 모아서 물을 얻는 기술

지금까지는 소금물에서 염분을 제거하여 먹는 물을 얻는 방법을 알아보았습니다. 만약 소금물조차 없는 환경이라면 어떻게 해야 할까요? 공

솔라리노에서 개발한 개인용 태양열 담수기로 작동 원리는 다중효용 태양열 증류기와 동일하다. 아침에 위에 매달린 비닐봉투에 소금물을 넣어두면, 소금물이 조금씩 흘러내리면서 담수기 위쪽으로 들어간다. 소금물은 태양열을 받아서 증발, 응축되고 담수와 더 농축된 소금물로 분리되면서 아래에 놓인 물통으로 나뉘어 모이도록 설계되었다.

기 중의 수증기를 모아서 식수를 얻는 방법도 있답니다. 그런 방법에 대해 한번 알아볼까요?

지구에서 가장 건조한 지역 중 하나로 꼽히는 나미비아사막에는 몸길이가 2센티미터 정도 되는 나미비아사막풍뎅이가 살고 있습니다. 풍뎅이 등에는 작은 돌기들이 나 있는데, 돌기 끝부분은 물이 잘 달라붙는 친수성이고 돌기 아래 평평한 면은 물이 잘 달라붙지 않는 소수성입니다. 밤이 되면 풍뎅이는 기온이 주변보다 낮은 언덕 위로 올라가서 등을 위로 하고 물구나무를 서듯 자세를 취하고 새벽에 안개가 끼기를 기다립니다. 안개 속의 수증기나 작은 물방울이 친수성인 돌기의 끝부분에 달라붙고, 작은 물방울이 모여서 커지면 무게를 견디지 못하고 아래로 굴러 떨어집니다. 그러면 물이 소수성 표면을 따라 흘러내리면서 풍뎅이 입으로 들어오게 되지요.

멀리 아프리카까지 가지 않더라도, 우리 주변에서도 공기 중의 수증기로부터 물을 얻는 모습을 흔하게 볼 수 있습니다. 차가운 음료수를 담은 컵을 책상에 올려두면, 수증기가 컵 바깥 표면에 응결되어서 아래로 흘러내리는 모습을 본 적 있지요? 에어컨의 응축수 배출관에서 물이 흘러나오는 모습도 본 적 있을 거예요. 모두가 공기 중의 수증기가 차가운 냉각기 표면에 응축되어 물방울이 되는 현상입니다(배관

나미비아사막풍뎅이

이나 냉각기 표면에 미생물이 살 수 있으므로, 절대로 에어컨 응축수를 그냥 마시면 안 됩니다).

풍뎅이가 하루에 마시는 물의 양은 얼마 안 되므로, 이 정도 물이라도 풍뎅이가 살아가기엔 충분합니다. 하지만 우리 생활에는 훨씬 많은 물이 필요하잖아요. 그러면 공기 중에서 대규모로 물을 얻을 수도 있을까요? 바로 해수 온실이라는 해답이 있습니다.

해수 온실이란 뜨거운 사막에서 바닷물을 증발시켜서 온실 내부의 온도도 낮추고 담수도 얻는 설비입니다. 작동 원리는 다음 그림과 같습니다. 그림 왼쪽의 증발기에 바다 표면의 바닷물을 흘러보냅니다. 그리고 외부의 건조한 공기를 안쪽으로 불어넣어서 바닷물을 증발시킵니다. 물이 증발하면서 열을 흡수하므로, 온실 내부의 온도는 낮아지고 습도는 높아져요. 외부의 먼지나 병충해를 일으키는 해충도 이 단계에서 걸러지면서 온실 내부에서 작물이 잘 자랄 수 있습니다.

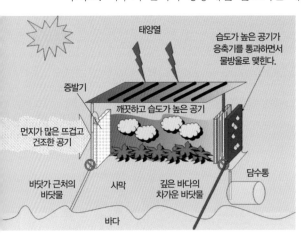

사막에 설치한 해수 온실

습도가 높은 공기는 이동하면서 오른쪽의 응축기를 통과합니다. 응축기에는 깊은 바다에서 끌어온, 비교적 낮은 온도의 바닷물이 흐르고 있어요. 그래서 습도가 높은 공기가 차가운 응축기 표면에 닿으면 물방울로 맺혀 흘러내리고 오른쪽 아래의 담수통에 모입니다. 이런 방법을 이용하면 건조한 환경에서도 바닷물을 이용해서 농작물이 잘 자라는 환경도 만들고 담수도 얻을 수 있습니다. 이러한 해수 온실은 호주, 아라비아, 아프리카 등지에서 활용되고 있어요.

더 많은 사람에게 유용한 담수화 기술을 꿈꾸며

물은 사람이 살아가는 데 꼭 필요합니다. 그리고 주변에서 흔히 볼 수 어요. 하지만 불순물이 섞인 물이 대부분이라, 바로 마시지 못하는 물이 많지요. 물속에 불순물이 있으면 무거운 입자는 가라앉고, 뜨는 입자는 걷어냅니다. 미세한 입자는 필터로 걸러서 정수하고, 박테리아나 기생충 등 해로운 생물은 살균 처리하여 먹는 물로 만듭니다.

물속의 불순물 중에서 제거하기 가장 까다롭고, 제거하는 데 에너지나 비용이 많이 들어가는 종류는 물속에 완전히 녹아 있는 이온성 불순물입니다. 물 분자와 완전히 섞여 있고, 크기도 비슷하므로 간단한 방법으로는 분리가 어려워요.

이 장에서는 물속에 녹아 있는 이온을 제거하여 먹는 물로 만드는 담수화 기술에 대해 알아봤습니다. 이런 기술은 바닷물에서 식수를 얻을 때, 강물 속의 해로운 중금속을 제거할 때, 염분을 함유한 지하수를 정화할 때

활용됩니다. 효율성만을 고려하면 현대의 담수 설비는 더욱 대형화되고 첨단소재와 첨단기술이 사용되어야 합니다. 하지만 고가의 대형 첨단 설비를 설치할 만한 여건이 안 되는 사람들은 사용이 매우 어렵겠지요.

담수화 기술의 원리 자체는 수천 년 전부터 알려졌고, 조금씩 활용되던 적정기술입니다. 다만 효율이 너무 낮아서 제한적으로 사용되었지요. 이러한 기술을 개선하고 효율을 높여서 더 많은 사람들이 유용하게 활용한다면 매우 가치 있는 일이 될 거예요. 여러분, 이제부터 담수화 기술의 개선 방법을 함께 생각해볼까요?

박헌균 한국전자통신연구원 연구원, ㈜솔라리노 대표이사

서울대학교 화학과를 졸업하고, 위스콘신주립대에서 박사학위를 취득했다. 삼성정밀화학을 거쳐 한국전자통신연구원에서 에너지 절감 및 신재생 에너지를 연구했다. 2013년부터 취미로 집 옥상에서 매우 저렴한 개인용 태양열 담수기술을 개발했는데, 이 연구 결과로 제1회 World Water Challenge에서 엑설런트상을 받았다. 2015년에 제7회 대구 세계 물 포럼 및 파리 COP21 등에서 연구 결과를 발표하면서 저개발 물부족국가의 많은 사람을 만났고, 대규모 담수 설비를 건설하기 어려운 지역에서 쓰일 실용적인 담수기술이 많지 않음을 새삼스럽게 깨달았다. 2020년 11월부터 직장을 휴직하고, 저개발국가에서도 사용 가능한 개인용 태양열 담수기를 개발·보급하기 위해 ㈜솔라리노를 설립하여 대표이사를 맡고 있다. 본 프로젝트가 국내외 일반인이 참여하며 함께 연구하는 적정기술 개발 프로젝트가 되길 꿈꾸고 있다.

Email: sosalinno@gmail.com, solarinno.pak@gmail.com

투명 비닐봉투로 태양열 담수기 만들기

▌준비물

검은색 그릇(검정 비닐봉투를 씌운 그릇도 가능), 소금물,
투명하고 큰 비닐봉투(지퍼백 또는 김장용 비닐봉투도 가능), 막대, 2리터 생수병 3개

▌만드는 방법

① 검은색 그릇에 소금물을 넣는다.
② ①을 비닐봉투에 넣는다. 이때 소금물이 밖으로 넘치지 않도록 조심한다.
③ 비닐봉투가 소금물에 닿지 않도록 긴 막대를 세워 모양을 유지한다.
④ 바람에 날아가지 않도록 무거운 물건(물을 담은 생수병)을 가장자리에 둔다.
⑤ 비닐봉투를 잘 밀봉한 뒤, 햇빛이 잘 비치는 곳에 둔다.

장치를 만든 직후에는 물이 아직 증발하지 않아서 비닐봉투 속이 잘 보인다(왼쪽). 그러나 시간이 흐르면 증발된 물방울이 비닐 안쪽에 맺히면서 비닐봉투 안쪽이 잘 보이지 않게 되며, 비닐봉투도 크게 부푼다(오른쪽).

▌결과 및 주의점

① 햇빛 아래 두면 검은색 그릇 속의 소금물이 증발해서 비닐봉투 안쪽 면에 물방울로 맺힌다. 시간이 지나면 물방울이 아래로 흘러 비닐봉투 바닥에 고인다. 검은색 그릇을 조심스럽게 빼내면 비닐봉투 안에 모인 담수를 얻을 수 있다.
② 비닐봉투에 맺힌 물방울 중 일부가 다시 검은색 그릇으로 들어가거나, 부푼 비닐봉투가 바람에 흔들리거나 날아갈 수도 있으니 주의한다.
③ 실제로 만들어보면 얻는 담수의 양이 적고, 사용하기에도 불편한 점에 실망할 수 있다. 그래도 실망하지 말자! 이런 실망이 더 좋은 기술을 만드는 동기가 된다.

08

건강한 세상을 만드는 적정기술

김가형

여름이면 찾아오는 불청객 모기! 그래도 여러분은

모기가 생명을 위협할 정도로 무섭다고 생각한

적은 없을 거예요. 모기에 물려도 시간이 지나면

붓기나 가려움증이 쉽게 사라지니까요.

하지만 세계보건기구에 따르면, 세계적으로 연간

약 50만 명이 모기가 옮긴 질환으로 목숨을 잃고

있어요. 특히 아프리카에서는 특정 모기에 물린 후

말라리아, 뎅기열, 일본뇌염, 지카바이러스 등에

감염되어 매년 약 40만 명, 하루에 약 1,000여 명이

목숨을 잃고 있습니다.

과학기술의 발전은 인간에게 편리한 삶을 제공하고 생명을 연장했습니다. 그러나 동시에 환경의 변화를 일으키며 건강에도 영향을 미칩니다. 건강에 영향을 미치는 주요 요인으로는 생물학적 요인, 환경 요인, 생태 요인, 보건 의료 체제 요인 등을 꼽을 수 있어요. 세계보건기구(WHO)는 그중 환경 요인(55%)이 건강에 가장 크게 영향을 끼치며, 연간 총사망자의 23%와 어린이 사망자의 26%가 예방 가능한 환경 요인 때문에 발생했다고 보고했습니다.

건강에 치명적인 영향을 미치는 환경 요인에는 무엇이 있을까요? 첫째, 실내 공기 및 대기 오염이 있습니다. 이는 연간 700만 명의 생명을 앗아가는 요인입니다. 인간은 호흡을 통해 산소를 공급받아 에너지를 생성하고 이때 발생한 이산화탄소를 배출합니다. 호흡 과정에서 산소가 부족하거나 오염된 공기가 몸속에 유입되면 질병이 생기지요. 실내 공기 오염은 선진국보다 저소득국가에서 더 큰 문제입니다. 저소득국가에서는 난방 및 취사를 위해 나무, 석탄, 석유를 사용하는데, 환기 시설이 좋지 않으므로 실내 공기가 쉽게 오염되지요. 대기 오염도 아시아 및 저소득국가 주민의 건강을 위협합니다. 공장을 과도하게 가동하면서 매연과 오염물질이 발생하여 대기를 심각하게 오염하기 때문이에요.

둘째로는 안전한 물 공급, 하수 처리 그리고 개인위생의 미흡을 꼽을 수 있습니다. 유네스코에 따르면 안전한 식수를 공급받지 못하는 인구는 약 10억 명이며, 하수 처리가 되지 않는 환경에서 사는 인구는 약 25억 명에 이릅니다. 오염된 물에는 박테리아, 바이러스, 기생충 등이 있어 설사병, 장티푸스, 콜레라 등의 질환을 일으킵니다. 또한 분변이 제대로 하수 처리되지 않으면 다양한 경로로 하수에 유입되어 사람과 동물에게 전파되지요.

셋째, 21세기에 새롭게 등장한 기후변화입니다. 기후변화로 인한 해수면 상승과 폭염, 폭우, 폭설 등의 이상기후로 인한 재해 등은 건강에 직접적인 영향을 끼칩니다. 또한 지구의 평균 기온 상승은 멸종 위기종의 증가, 식량 생산량 감소, 대기 오염의 증가 등을 초래하여 간접적인 영향을 미칩니다.

그런데 이러한 환경 요인의 피해는 선진국보다 아프리카를 포함한 저소득국가에서 훨씬 심각합니다. 왜 그럴까요?

● 열악한 생활 환경

아프리카는 열대성 기후로 물 부족이 심각하고 병원체(바이러스, 기생충 등)가 번식하기에 적합한 환경입니다. 그리고 아프리카 대부분은 하수 및 위생 시설이 잘 갖춰진 선진국보다 안전한 식수를 이용하기 어렵습니다. WHO에 따르면 매년 아프리카에서는 콜레라나 설사 등의 수인성 질병으로 52만 5천여 명의 아이들이 사망하는데, 대부분(88%)이 화장실과 같은 위생 시설의 부족과 깨끗하지 못한 물 때문에 발생한다고 해요. 또한 아프리카 주거 환경은 환기가 잘 안 되는 구조이며 실내에서 취사가 이루어지고 난방에 주로 나무를 이용하므로 선진국보다 실내 공기의 오염도가 높습니다.

● 빈곤한 경제 상황과 낙후된 사회 기반 시설

선진국과 동일한 자연재해나 질병이 발생하더라도, 아프리카에서는 교통 및 응급 지원 체계가 잘 갖추어지지 않아 환자가 제때 치료를 받지 못하고 사망에 이릅니다. 아프리카의 다양하고 작은 부족들은 의료 시설이 있는 중심지에서 20 ~ 40킬로미터 떨어져 있습니다. 병원을 가려면 자동차로 약 50분, 자전거로 약 3시간, 걸어서는 약 9시간이나 걸리지요.

그런데 아프리카는 도로 사정이 좋지 않아 자동차가 다닐 수 없는 길이 많으므로, 자전거를 이용하거나 대부분 도보로 이동합니다. 환자들은 먼 거리를 이동하다가 건강이 악화되거나 목숨을 잃기도 합니다. 천신만고 끝에 의료 시설에 도착하더라도 비싼 의료비를 감당하기 어려워 치료를 받지 못하는 경우가 대부분이에요. 또한 소수의 의료진이 많은 수의 환자를 진료하므로 환자들은 양질의 의료 서비스를 받기 어렵습니다.

● 건강에 취약한 계층이 많다

아프리카 지역은 평균 수명은 낮지만, 출생률은 선진국에 비해 월등히 높습니다. 2018년 세계은행의 보고에 따르면 세계 평균 합계출산율(여자 1인의 출생아 수)이 2.5명이나, 사하라 이남 아프리카 지역의 합계출산율은 4.6명으로 매우 높습니다.

신생아는 새로운 환경 요인에 대한 면역력이 없으므로 생후 한 달 동안 질병에 걸릴 가능성이 높습니다. 선진국은 영유아를 대상으로 단계적으로 예방접종을 실시하여 질병 발병률과 사망률이 낮습니다. 그러나 아프리카에서는 경제적 부담뿐만 아니라 질병과 백신 예방접종에 대한 인식도 부족해 예방과 치료가 이루어지기 힘든 실정입니다. 그 결과 질병에 취약한 신생아와 어린이의 경우, 질병 발병률과 사망률이 매우 높게 나타납니다.

이러한 아프리카의 열악한 보건 의료 문제를 해결하기 위해 세계 각국에서는 아프리카의 지역적 문화적 경제적 상황을 고려하여 다양한 적정기술이 시도되고 있습니다. 이제부터 어떤 사례가 있는지 알아볼까요?

신생아 사망률을 낮추는 인큐베이터

아기는 일반적으로 40주 동안 엄마 뱃속에서 필요한 영양분을 섭취하면서 하나의 생명체로 자라 세상에 나올 준비를 합니다. 그러나 37주도 안 되어 출생한 미숙아 혹은 체중이 2.5킬로그램 미만인 저체중 신생아라면, 출생 후 28일을 버티지 못하고 사망할 가능성이 높아요. 그래서 건강하지 못한 신생아들은 엄마 뱃속과 같은 환경을 제공하는 인큐베이터 속에서 산소와 영양분을 얻으며 건강을 회복합니다.

유니세프 신생아 사망률 자료에 따르면 2019년에 전 세계에서 약 240

만 명의 신생아가 사망했는데, 이는 매일 약 6,700명, 한 시간에 280명, 1분에 5명에 해당합니다. 국가별로 신생아 사망률*을 살펴보면, 분쟁 지역인 파키스탄(41.2)과 아프가니스탄(35.9)을 제외하면 아프리카가 높고 유럽이 낮습니다. 아프리카에

*신생아 사망률 출생 후 1년 이내 사망한 영아 수를 해당 연도 1년 동안의 총출생아 수로 나눈 비율로, 보통 1,000분비로 나타낸다.

서 신생아 사망률이 가장 높은 국가는 레소토로 사망률이 42.8에 이릅니다. 세계 평균 신생아 사망률(17.0)이나 2019년 한국의 신생아 사망률 (1.5)과 비교하면, 아프리카의 상황은 매우 심각합니다.

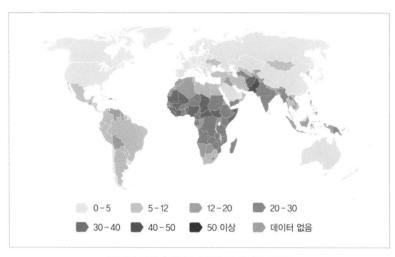

2019년 세계 출생아 1,000명 당 신생아 사망률

생후 28일 이내에 사망한 신생아의 80%(하루 5,360명)는 미숙아 혹은 저체중으로 태어난 아기들입니다. 저소득국가에서 미숙아의 주된 사망 원인은 저체온증으로 아기들이 스스로 체온을 유지하지 못하기 때문입

니다. 도시에서 멀리 떨어지고 전기가 없는 마을에 사는 임산부는 출산을 위해 병원까지 먼 거리를 이동하기 어렵고, 의료 시설에 인큐베이터가 없거나 부족한 경우가 대부분입니다. 의료 시설에 인큐베이터가 있어도 이용 가격이 너무 비싸므로 의료 서비스를 받기 어렵지요. 그래서 임산부 대부분은 의료진 도움 없이 집에서 출산합니다. 건강하지 않은 아기를 출산하면 아기의 저체온증을 막기 위해 아기 주변에 핫팩이나 난로를 놔두지만, 이 방법은 너무 위험합니다.

저소득국가에서 신생아 사망률의 주요 원인인 저체온증을 막을 방법은 없을까요? 각 병원에 충분한 인큐베이터를 확보하면 됩니다. 하지만 또 다른 문제가 있습니다. 일반적으로 병원의 인큐베이터 가격은 300만~2,000만 원으로 매우 고가예요. 설령 인큐베이터가 있어도 아프리카 대부분 지역은 전기 공급이 어려우므로 사용하지 못합니다. 인큐베이터를 관리할 전문 의료진도 없고, 의료 서비스 비용 역시 비싸서 경제적으로 감당하기 어렵지요. 이러한 문제를 해결하기 위해 세계 여러 곳에서는 적정기술을 활용하여 새로운 인큐베이터를 개발하고 있습니다.

● 휴대용 저가 인큐베이터 임브레이스

2007년에 미국 스탠포드대학 경영학 석사 과정생 제인 첸(Jane Chen)은 디자인 과정에서 다른 대학원생 3명과 팀을 이뤄 미션을 수행했습니다. 일반적인 인큐베이터 가격의 1%에 해당하는 금액으로 유아 인큐베이터를 설계하는 미션이었지요. 첸 팀은 시장 조사를 위해 네팔의 수도

카투만두에 있는 한 병원을 방문했습니다. 많은 신생아가 미숙아로 태어나지만, 열악한 시설과 전문 의료진의 부족으로 적절한 치료를 받지 못하고 있었습니다. 시골에서는 의료 상황이 더욱 열악했고 신생아 사망률도 더 높았지요.

챈 팀은 병원은 물론 시골에서도 전기 없이 휴대 가능한 값싼 인큐베이터 임브레이스(Embrace Infant Warmer)를 고안했습니다. 디자인 과정을 마친 뒤 2008년에 챈 팀은 인도에 사회적 기업 '임브레이스'를 창업하고 프로토타입을 제작했습니다. 이후 현지 사정에 알맞게 프로토타입의 디자인을 수 차례 수정하고 적용하면서 최종 제품을 완성했고, 2011년에 출시한 완제품을 인도 방갈로르의 병원에 제공했습니다.

임브레이스는 상변화물질*이 든 웜팩(Warm Pack)으로 작동합니다. 웜팩에 전기 히터를 20분간 연결하거나 뜨거운 물을 부어줍니다. 웜팩의 온도가 37 ℃로 올라가면 웜팩을 베이비랩에 넣은 뒤, 아기

* 상변화물질 특정 온도에서 온도의 변화 없이 물질의 상태(고체, 액체, 기체)가 자유롭게 변하면서 열을 흡수 또는 방출할 수 있어 열에너지를 조절할 수 있는 물질이다.

인큐베이터 임브레이스

를 베이비랩 안에 눕히고 감싸줍니다. 웜팩 내 상변화물질은 아기 체온에 따라 열을 흡수하거나 방출하면서 내부 온도를 35 ~ 37 ℃로 최소 4시간 동안 유지합니다. 아기 체온이 상변화물질 온도보다 높으면 아기로부터 열을 흡수하고, 반대로 아기 체온이 상변화물질 온도보다 낮으면 열을 방출하는 원리입니다.

임브레이스는 약 25만 원으로 매우 저렴하며, 가벼워서 쉽게 휴대할 수 있습니다. 전기 없이도 작동하며 청결을 유지하기 쉽고 재사용이 가능하지요. 최근 인도를 시작으로 활발히 보급되고 있으며, 20여 개국에서 20만 명의 신생아를 살리는 데 기여했습니다.

● 감염 위험을 최소화한 인큐베이터 맘

영국 러프버러대학을 다니던 제임스 로버츠(James Roberts)는 시리아나 레바논과 같은 분쟁 지역에서 질병에 걸리거나 미숙아로 태어난 많은 신생아가 의료 서비스를 받지 못한 채 사망하는 내용의 다큐멘터리를 보았습니다. 제임스는 졸업 과제로 시리아의 신생아 사망률을 해결하기 위한 인큐베이터 맘(mOm Incubator)을 설계하고 프로토타입을 제작했습니다. 2014년에 국제 발명 대회인 제임스 다이슨 어워드에서 맘 인큐베이터가 대상을 받자, 제임스는 사회적 기업 '맘(mOm)'을 창업합니다.

맘은 기존 인큐베이터와 유사하게 밀폐된 환경과 동일한 기능을 제공합니다. 접을 수 있고, 제작비는 40만 원에 불과합니다. 그리고 맘은 튜브로 구성되어 매우 가벼워요. 기존 인큐베이터 무게의 10%에 불과하지요.

튜브에 공기를 주입하면 부풀어 오르면서 아기를 안전하게 보호하는 푹신한 튜브로 변신합니다. 튜브에서 공기를 빼면 물놀이 튜브처럼 부피가 감소하므로 쉽게 접어서 운반할 수 있습니다.

또한 맘은 주 전원과 충전식 배터리를 사용하므로 주전원 없이 1회 충전으로 24시간 동안 사용 가능합니다. 분쟁 지역에서도 신생아를 안전하게 옮길 수 있지요. 최근 인큐베이터 맘은 상품화가 완료되었고 보급을 준비하고 있습니다.

인큐베이터 맘

말라리아 치료를 위한 종이 진단 장치

지구상에 존재하는 모든 동물을 통틀어 인류의 목숨을 가장 많이 앗아가는 동물은 바로 모기입니다. 그중 열대 지방에 주로 분포하며 말라리아를 옮기는 얼룩날개모기가 가장 치명적이에요. WHO에서 발표한 〈세계 말라리아 보고서 2020〉에 따르면, 2019년에 89개국에서 2억 2,900만

명이 말라리아에 감염되었고, 감염자의 94%에 해당하는 2억 1,500만 명은 아프리카에서 발생했습니다. 말라리아 감염자 중에서 40만 9천 명이 목숨을 잃었고, 그중 67%에 해당하는 약 27만 4천 명이 5세 이하였어요. 즉 아프리카에서는 매일 5세 이하 아기들 약 750명이 말라리아로 사망합니다. 이는 행정안전부 통계에 따르면 2020년 기준 서울시에 거주하는 5세 이하 인구수 27만 명과 같습니다. 상당한 숫자입니다. 그렇다면 왜 아프리카에서 말라리아 감염자 수가 많고, 사망률이 높을까요?

말라리아의 증상은 발열과 발한으로 독감과 유사하며, 더 심해지면 발작 및 혼수상태에 빠집니다. 아프리카 지역은 열대성 기후에 강수량도 많아서 모기 증식에 유리한 환경입니다. 특히 말라리아를 옮기는 아프리카종인 열대열 말라리아는 수명이 길고, 사람을 공격하는 습성이 강하여 아프리카의 말라리아 발병률과 사망률을 높이는 주요 원인이에요.

말라리아의 해결책은 말라리아 서식지(물웅덩이, 개울 등)의 원충을 제거하거나, 말라리아에 걸렸을 때 최대한 빨리 진단하고 악화되기 전에 치료하는 것입니다. 하지만 아프리카는 말라리아 원충의 서식지를 관찰하는 장비가 없어 말라리아를 예방하기 어렵습니다. 또한 인력과 장비가 부족하므로 말라리아 진단까지 수 개월이 걸리지요. 그래서 환자는 적절한 시기에 치료를 받지 못해 심각한 상태가 되기 쉽습니다. 이러한 아프리카의 말라리아 문제를 해결하기 위해 스탠포드대학 생명공학부의 마누 프라카쉬(Manu Prakash) 교수는 〈검소한 과학(Frugal Science)〉 연구단을 구성했고, 〈검소한 과학〉은 저소득국가에서 말라리아를 쉽게 진단하는 가볍고 저렴한 종이 진단 장치를 개발했습니다.

● 1달러짜리 종이 현미경 폴드스코프

마누 프라카쉬

2014년에 프라카쉬 교수와 박사과정 생 사이불스키가 종이를 접어서 만드는 폴드스코프(foldscope)를 발명했습니다. 폴드스코프는 A4 크기 종이에 인쇄된 전개도 한 장으로, 각 부분을 뜯어서 조립하므로 누구나 쉽게 제작할 수 있습니다. 인쇄된 전개도에는 미세 광학 렌즈, 집광 렌즈, LED가 박혔는데, 이는 종이나 필름 위에 전자 제품을 인쇄하는 방식을 이용했어요.

폴드스코프 초기 형태는 렌즈 배율이 2,000배, 분해능*은 0.0001 mm로 일반 광학 현미경 수준이었습니다. 말라리아 원충과 대장균을 확인 가능하며 가격은 1달러로 아주 저렴했습니다.

*분해능 서로 인접해 있는 두 물체를 구별하는 능력. 분해능이 작을수록 서로 가까워 하나로 보이는 물체도 두 물체로 구별할 수 있다.

폴드스코프는 광학 현미경처럼, 관찰을 위한 미세 광학 렌즈, 빛의 양을 조절하는 조리개, 빛을 모아주는 집광 렌즈, 어두운 곳에서 빛을 제공하는 LED, 특정 염색 대상을 관찰하기 위한 필터, 초점을 맞추기 위한 플렉서로 구성되었다.

하지만 폴드스코프를 제품화하면서 분해능은 0.001 mm로 다소 떨어지고 가격은 3달러로 높아졌습니다. 그래도 폴드스코프는 여전히 고성능에 저렴한 제품입니다. 저소득국가에서는 폴드스코프를 이용하여 식수의 안전성, 말라리아 원충의 관찰, 길거리 음식의 위생 등을 조사합니다. 질병을 예방하면서 주민들이 건강하게 살도록 돕고 있지요. 의료 기기가 부족한 대학 시설에서는 폴드스코프를 이용하여 의료 실습을 진행하고, 저소득국가뿐만 아니라 전 세계 사람들도 과학 교육에 폴드스코프를 활용합니다. 이후 〈검소한 과학〉 연구단은 다른 병원균 12종을 진단하기 위한 폴드스코프를 개발하며 저소득국가의 질병 진단을 위해 계속 노력하고 있어요.

● 말라리아 원충을 분리하는 페이퍼퓨지

혈액 속의 말라리아 원충이 현미경으로 발견되어 말라리아 감염을 진단 받은 뒤엔, 혈액 속에서 말라리아 원충을 분리해야 합니다. 일반적으로 병원에서는 혈액 검사를 위해 채취한 혈액을 원심분리기에 넣어 혈구와 혈장으로 분리해요. 세균 유전자나 단백질 대부분은 혈장에 있으므로 혈액에서 혈장만을 깨끗하게 분리해야 하지요.

원심분리기는 원심력을 이용해 혼합물을 분리하는 도구입니다. 혈액을 구성하는 물질의 질량에 따라 원심력이 달라지므로, 무거운 물질일수록 원심분리기의 바깥쪽에 가라앉아 분리됩니다. 하지만 원심분리기는 부피도 크고 무거우며 비용도 많이 필요하므로 아프리카와 같은 저소득

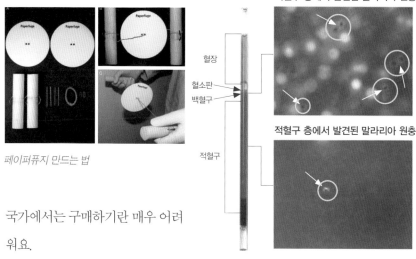

백혈구 층에서 발견된 말라리아 원충

혈장

혈소판
백혈구

적혈구

적혈구 층에서 발견된 말라리아 원충

페이퍼퓨지 만드는 법

국가에서는 구매하기란 매우 어려
워요.

〈검소한 과학〉연구단이 현장 조
사를 위해 아프리카의 한 병원에

*페이퍼퓨지로 혈액 속 말라리아 원충을 분리
가능하다.*

도착했을 때, 선진국에서 기부 받은 원심분리기로 문을 고정한 모습을 보
고 깜짝 놀랐습니다. 아프리카에서는 원심분리기를 작동할 전기가 없거
나 비싸서 사용할 수 없던 거였죠. 이러한 상황을 파악한 〈검소한 과학〉
연구단은 전기 없이도 작동 가능한 원심분리기 개발에 착수했습니다.

스탠포드대학의 박사후연구원인 사드 밤라(Sadd Bhamla)와 〈검소한
과학〉연구단은 실팽이에서 착안하여 종이판, 나무 손잡이, 끈, 모세관, 빨
대, 플라스틱심을 이용해 20센트(약 250원)짜리 페이퍼퓨지(paperfuge)를
개발했습니다.

페이퍼퓨지는 혈액이 담긴 모세관을 종이판에 붙이고 손으로 나무 손
잡이를 잡고 종이판을 회전시키는 장치입니다. 실을 당겼다 늦추길 반복

하면 강한 원심력이 발생해 혈액 속 말라리아 원충이 분리됩니다.

페이퍼퓨지는 최대 125,000 rpm (분당 회전수) 속도로 회전하면서 1분 30초 만에 혈장과 혈구를 분리 가능하며, 15분 만에 적혈구에서 말라리아 원충을 분리할 수 있습니다. 또한 페이퍼퓨지는 부피가 작고 무게도 약 2그램에 불과해 휴대도 편리합니다. 무엇보다 저렴하고 전기 없이도 누구나 쉽게 작동할 수 있지요. 현재 페이퍼퓨지는 말라리아와 HIV(인체면역결핍바이러스) 감염을 진단 가능하며, 일부 아프리카에서 시범적으로 운영되고 있습니다.

실명을 막는 안구 진단 장치

WHO에 따르면, 전 세계적으로 3,900만 명의 사람들이 실명합니다. 그중 90%는 저소득국가 주민이며, 80%는 제때 시력 검사를 받지 못해 실명에 이릅니다. 시력 검사가 왜 중요할까요? 시력 검사는 단순한 시력 측정이 아닙니다. 눈 바깥부터 눈 안의 시신경, 망막, 각막 등 전반적인 건강 검진입니다. 안구 질환 대부분이 초기에는 심각한 증상을 보이지 않기 때문에 환자들은 자신의 시력이 떨어지기 시작했다는 것을 잘

피크애큐티 앱

피크레티나 앱

인식하지 못합니다. 증상이 나타날 때면 이미 치료 시기를 놓쳐 실명에 이르지요. 그러므로 정기적으로 시력 검사를 하면 안구 질환을 조기 발견하여 치료가 가능해집니다.

영국의 안과 의사이자 런던 위생 열대의학 대학원의 교수인 앤드류 바스토러스(Andrew Bastawrous)는 안과 질환 연구를 위해 전문가 15명과 함께 케냐를 방문했습니다. 연구진들은 시력 검사기를 포함한 다양한 안구 검진 의료 장비를 차에 싣고 케냐의 치료소 100여 개를 돌아다녔습니다. 그러나 도로 사정이 좋지 않아 이동이 쉽지 않았습니다. 게다가 치료소 대부분은 전기 공급이 원활하지 않아 의료 장비를 사용하지도 못했지요.

연구진들은 전기 공급 없이도 시력 검사 및 안과 진료를 할 수 있는 방법을 고민하던 중, 케냐의 모바일 보급률이 높다는 걸 알고 모바일을 이용한 앱을 개발했습니다. 시력 검사용 앱 피크애큐티(Peek Acuity App)와 안구 질환 검사용 앱 피크비전(Peek Vision App)입니다. 피크비전은 나중에 피크레티나(Peek Retina)로 업그레이드 되면서 안구 질환 검진은

렌즈 뚜껑

본체

클립

피크레티나 구성품

모바일에 피크레티나를 조립한 모습

물론 망막 촬영도 가능해졌습니다.

피크애큐티는 2016년에 구글 플레이스토어에 출시되었고, 현재 150개국 이상에서 사용 중인 인증된 의료 기기입니다. 모바일에 피크애큐티 앱만 설치하면 되므로 이동이 간편하며 태양열 배터리 충전기로 전기를 공급받지요.

피크레티나는 모바일에 기존 검안경과 망막 카메라를 결합하여 눈 뒤쪽과 망막의 고화질 이미지 촬영이 가능합니다. 더 선명하고 포괄적인 안구 검사를 통해 백내장, 녹내장 등 많은 안과 질환을 진단합니다. 그리고 사용이 쉽고 간편하며 외딴 시골 마을에서도 작동이 가능해요. 또한 녹내장과 같은 질병을 식별하기 위한 시신경 검사도 가능하며, 모바일로 촬영한 동영상이나 이미지를 즉시 공유할 수 있으므로 다른 전문가에게 환자 기록을 전송하거나 환자에게 촬영 결과를 보여주며 상담을 할 수 있습니다.

피크레티나는 2년 동안 케냐, 보츠와나, 말리에서 광범위한 임상 및 현장 시험을 진행했고, 2017년부터 2020년까지 피크사를 통해 판매되었습니다. 하지만 피크사는 피크레티나의 추가 생산 및 기술 개발을 잠정적으로 중단하기로 했습니다. 저소득국가의 안구 건강을

피크레티나 사용 방법

위한 시스템 구축과 시력 검사가 시급하다고 판단하고, 이를 위해 주민들에게 시력 검사 및 안구 건강에 대해 교육하고 현지 전문 인력 양성에 중점을 둘 예정이라고 합니다.

환자 이송을 위한 잼블런스

2005년에 메사추세츠 공과대학 학생 제시카 베차쿨(Jessica Vechakul)은 잠비아에서 환자를 의료 시설로 제때 이송하지 못해 임산부들과 위급한 환자들이 사망한다는 사실을 알게 되었습니다. 제시카는 잠비아에서 흔히 사용되는 자전거를 활용한 앰블런스인 잼블런스(Zambulance)를 설계하기 시작합니다. 제시카는 디자인 설계 시 다음 사항을 고려했습니다.

첫째, 잼블런스는 환자를 마을에서 의료 시설까지 안전하고 편안하게 이동시켜야 합니다. 둘째, 일반 자전거에 부착하여 사용하며 1인이 끌 수 있어야 합니다. 셋째, 잼블런스는 잠비아에서 생산 및 유지가 가능하도록 지역에서 쉽게 구하는 재료를 사용하고 용접, 목공, 바느질 등의 쉬운 과정으로 제작 가능해야 합니다. 넷째, 잼블런스는 최대 30킬로미터까지 이동 가능하고 최소 45킬로그램의 중량을 견뎌야 하며 가격은 500달러(USD) 이하로 저렴해야 합니다. 이를 반영한 첫 번째 잼블런스 감마 버전이 2006년 9월에 개발되어 잠비아의 루사카 지역에 있는 디사카레 휠체어 센터에서 생산되었습니다.

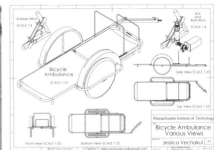

자전거에 부착된 초기 잼블런스 감마 버전과 구성도

잼블런스는 바퀴 2개와 금속 바닥으로 된 수레를 일반 자전거가 끄는 형태입니다. 통행 가능한 도로에서 최대 35킬로미터의 거리를 평균 시속 25킬로미터로 주행하며 환자 한 명을 이송할 수 있습니다. 가격은 약 315 달러(USD)로 저렴하고 약 20시간이면 누구나 쉽게 제작 가능합니다. 잼블런스는 2006~2007년에 47대가 보급되었고 환자 이송을 위해 1대당 약 125회 사용되었다고 합니다.

잼블런스 덕분에 콜레라, 결핵, 에이즈, 실명, 골절, 폐렴 등의 질병을 앓는 환자들과 출산을 앞둔 임산부들이 도시의 의료 센터에 제때 도착할 수 있었습니다. 잠비아의 최대 자전거 회사인 잠바이크(Zombike)는 2013년에 잼블런스 프로젝트를 실시하여 잼블런스 감마에 기능을 추가한 새로운 버전의 잼블런스를 개발했고, 잠비아의 환자 이송에 기여하고 있습니다.

모두가 건강한 세상을 꿈꾸며

지금까지 소개한 적정기술 사례에는 몇 가지 공통점이 있습니다.

첫째, 현지의 의료 문제에 대한 직간접적 경험이 반영되었습니다. 개발자들이 현지에 직접 방문하거나 다큐멘터리를 시청하고 현지 사정을 잘 아는 사람에게 현지 상황에 대해 들으면서 현지 의료 문제의 심각성을 먼저 이해하고, 문제를 해결하겠다는 강한 동기를 가졌습니다.

둘째, 현지 주민과 협력하여 설계와 수정을 반복했습니다. 의료 문제를 해결하는 적정기술의 경우, 환자의 건강과 생명에 직결되므로 개발 과정에서 현지 사용자 및 의료 관계자의 피드백을 받았고 현지에서 시범 운영을 장기간 실시했습니다.

셋째, 개발된 적정기술이 지속가능하도록 시스템을 구축했습니다. 의료 분야에서는 질병 진단에서 더 나아가 검사 결과를 공유하거나 치료를 위해 타 의료 시설과의 협력이 필요합니다. 임브레이스는 인도에 회사를 설립하고 인도 및 아프리카의 NGO 및 의료 시설과 협력하고 있습니다. 피크사는 안구 검사를 통해 발견된 심각한 환자들을 전 세계의 전문 의료진과 연결하는 시스템을 구축해 환자들이 완치되도록 돕습니다.

넷째, 개발된 적정기술 제품이 현지에 계속 보급되도록 노력합니다. 개발자들은 기존 제품을 개선하거나 현지 제조업체나 단체와 협력하여 보급 지역을 확대합니다.

아프리카에서는 자신이 어떤 질병에 걸렸는지도 모른 채 사망하는 경우가 많습니다. 아프리카 주민의 건강을 증진하려면 질병, 위생, 건강에 대한 인식을 높이는 활동이 매우 중요합니다. 여러분도 여기에 힘을 보탤 수 있어요. 아프리카 지역 주민들에게 질병에 대한 심각성, 증상, 예방법, 활용 가능한 모바일 앱을 알리는 동영상, 책 혹은 포스터 등을 만들어 보면 어떨까요? 그리고 제작한 자료를 레이첼(RACHEL)에서 공유해 보세요. 아프리카 지역 주민들이 레이첼을 통해 무료로 자료를 볼 수 있답니다. 우리의 작은 시도가 아프리카 주민들에게는 큰 도움이 될 수 있어요. 지금부터 함께 해볼까요?

김가형 모나쉬대학교(Monash University) 교육연구원

이화여자대학교에서 박사학위를 취득한 후, 이화여자대학교 박사후 연구원으로 지역사회 연계 과학 이슈 프로그램, STEAM R&E 프로그램, 과학관 교육 프로그램 등의 학교 안팎의 교육 프로그램 개발 및 연구 프로젝트에 참여하며, 이화여자대학교와 서울교육대학교에서 과학교육과 물리교육 관련 강의를 하였다. 2016년 LG전자 친환경 적정기술 연구회 참여를 시작으로 적정기술 관련 교육 봉사에 참여해왔으며, 한국나노기술원의 이공계 대학생 교육봉사단을 위한 STEM 아카데미에서 교육 컨설팅 및 봉사단 교육 강사로 참여하였다. 현재 호주 모나쉬대학교의 교육연구원으로 재직하고 있다.

Email: Jinny.Kim@monash.edu

재활용품을 이용한 디스크퓨지 만들기

준비물

사용하지 않는 CD(두꺼운 종이판지 가능), 소스통(5㎖) 2개, 원형 종이판지(지름 5 cm) 2장, 컴퍼스, 두꺼운 끈 1m, 송곳, 셀로판테이프, 혼합물(코코아, 흙탕물, 우유 등)

만드는 방법

① CD의 중심을 지나는 지름이 만나는 양쪽 끝을 표시한다.
② 원형 종이판지의 안쪽에 지름 1.5 cm의 작은 원을 그리고, 작은 원의 중심을 지나는 지름의 양쪽 끝에 끈 구멍을 표시한다.
③ ②의 원형 종이판지 2장을 CD 앞뒤의 중앙에 셀로판테이프로 붙인다. 이때 표시한 끈 구멍이 덮이도록 한다.
④ 송곳을 이용하여 끈 구멍을 뚫고, 끈을 양쪽 구멍에 통과시킨다.
⑤ 소스통 2개를 각각 혼합물(코코아) 4 mL와 물 4 mL로 채우고, ①에서 표시한 양쪽 끝에 소스통을 셀로판테이프로 단단히 붙인다. 이때 소스통 2개를 일직선(대칭)이 되게 하고, 소스통의 넓은 부분이 바깥쪽으로 가도록 한다.
⑥ 양쪽 끈을 손가락에 끼워 한 방향으로 충분히 돌린 후, 끈을 당기고 놓는 것을 100회 이상 반복하면서 CD를 회전시킨다.

 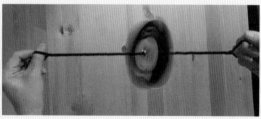

완성된 디스크퓨지(왼쪽). CD에 끼운 끈을 양쪽에서 잡아당기면 소스통이 보이지 않을 정도로 디스크퓨지가 빠르게 회전한다(오른쪽).

결과

• 무거운 코코아 입자가 물과 분리되어 소스통 바닥(CD의 바깥쪽)에 가라앉는다.

09
적정기술 아이디어 스케치 대회

김형진

비쩍 말라 움직일 힘도 없어 엎드려 있는 소녀가

있습니다. 소녀 근처에 앉아 있는 독수리는

그녀가 쓰러지길 기다리는 듯 보입니다.

소녀는 왜 벌판에 혼자 남겨졌을까요?

엄마는 소녀를 두고 식량을 받으러 갔다고 합니다.

이는 1994년에 퓰리처상을 수상한 사진 작품

〈독수리와 소녀〉의 비하인드 스토리입니다.

지구촌 한편에서는 매끼 음식이 남아서 버리지만

다른 편에는 기아에 시달리는 사람도 많습니다.

이 소녀에게 당장 필요한 것은 무엇일까요?

여기까지 읽었으면 이제 적정기술이 무엇인지 감이 잡히나요? 이제부터는 적정기술에 대한 개인적 경험을 이야기해보려 합니다.

저는 중학교에 다닐 때부터 물리학을 좋아해서 대학과 대학원에서 물리학을 공부했습니다. 물리학은 자연현상을 잘 이해하기 위한 학문입니다. 우리 삶 역시 자연현상 속에서 펼쳐지지요. 저는 물리 교사로서 오랜 시간 학생들을 가르쳤고 물리학을 잘 안다고 자신했습니다. 그래서 생활에서 벌어지는 문제도 과학적으로 해결 가능하다고 생각했어요. 그런데 막상 주변에서 일어나는 일을 해결하려니 할 수 있는 일이 별로 없었습니다. 학교에서 학생들을 가르칠 때는 이런 원리를 적용해서 이렇게 해결하라고 말했지만, 막상 문제를 직접 해결하려니 머리가 하얗게 굳어버렸습니다. 한땐 맥가이버 같은 만능 해결사를 꿈꿨는데 말이죠. 이후 말로만 안다고 떠드는 과학 지식이 아니라, 삶과 밀착되어 주변 문제를 해결

케빈 카터의
〈독수리와 소녀〉

하고 삶을 풍요롭게 하는 과학 지식을 추구하게 되었습니다. 그리고 그 과정에서 적정기술을 만나게 되었어요.

휴대폰의 에너지 사용량을 줄여보자

에너지와 환경에 대한 이야기는 끊임없이 이야기되는 주제로, 누구나 잘 알고 있어요. 그런데 현실에서 마주하는 사람들의 태도는 알고 있는 지식과 다릅니다. 지식과 현실 사이에서 충돌하는 느낌이지요.

에너지를 많이 사용하다보면 지구 온난화가 심화되며, 지구 온난화는 인류의 미래를 위협하게 됩니다. 그러나 현대는 전기 제품이 우리 생활 깊숙이 스며들어 전기 없이는 살 수 없는 시대가 되었습니다. 특히 거의 모든 사람들이 매일 휴대폰을 충전하므로 휴대폰이 먼저 제 눈에 띄었습니다.

'사람들 대부분이 매일 이렇게 휴대폰을 충전하면 얼마나 많은 전기를 쓸까? 휴대폰 탄생으로 인해 얼마나 많은 에너지가 필요하게 되었고, 이로 인해 얼마나 심각하게 지구 온난화가 가속될까? 이 문제를 어떻게 해야 할까?'라고 생각했어요. 그래서 휴대폰 사용에 필요한 에너지 문제부터 해결해보자는 생각이 들었습니다. 휴대폰의 에너지 사용이 지구 온난화에 심각한 문제를 일으킨다면 휴대폰을 쓰지 말자고 생각할 수 있지만, 휴대폰 없이는 살 수 없는 세상이 되었잖아요? 그래서 태양광으로 휴대폰을 충전해보기로 했습니다.

휴대용 태양광 패널은 1만 원으로 쉽게 구입 가능하므로, 실현 가능성이 보였습니다. 지구 온난화의 해결에 조금이나마 기여한다는 자부심으로, 태양광 충전 방법을 찾는 여정을 시작했습니다. 에너지 사용이 초래하는 지구 온난화를 해결하자는 거창한 목표는 '태양광으로 작동하는 휴대폰 충전기 만들기'라는 탐구 과정으로 바뀌었습니다. 다만 자동차나 에어컨에 비하면 휴대폰의 에너지 사용량은 미미할 수도 있지만, 그에 대한 충분한 검토 없이 프로젝트를 진행한 점은 반쪽짜리 해결책으로 끝날 수 있는 여지를 남겼습니다.

탐구 과정의 첫걸음은 기존 제품의 분석

'만 시간의 법칙'이라는 말을 들어봤나요? 특정 시간 동안 한 분야만 계속 파면 전문가가 된다는 말입니다. 저는 연구 휴직 기간 동안 대학에서 공부하면서 '태양광으로 작동하는 휴대폰 충전기 만들기' 프로젝트를 다각도로 시도했습니다. 만 시간의 법칙이 통했는지, '혁신적 공학 설계' 수업에서 프로젝트를 시작한 지 한 달 만에 유레카를 외치는 경지에 이르게 되었어요. 이 수업은 미국 스탠포드대학의 디스쿨(d.School)에서 진행되는 수업을 모델로 했습니다. 다양한 전공의 대학생 및 대학원생이 팀을 구성하고 협동하여 필요한 제품을 개발하고 창업하는 과정을 지원하는 프로그램이었죠.

태양광으로 작동하는 휴대폰 충전기는 휴대폰 케이스에 태양광 패널을 붙여서 낮에 갖고 다니기만 해도 충전이 되도록 설계했습니다. 그런데 저는 제작 단계에서 좌절하고 말았습니다. 대기업에서 이미 동일한 제품을 만들었기 때문이었죠. 좌절도 잠시, 그 제품을 구입해 본격적으로 시험해 보았습니다. 제대로 작동한다면 전기로부터 자유로워지리라 기대했지요. 제 아이디어를 미리 알고 제품을 생산한 대기업에 감사하며, 태양광 폰 충전 케이스에 휴대폰을 장착하여 매일 사용했습니다.

그러던 중 예상치 못한 일이 생겼습니다. 태양광 충전 케이스를 끼운 상태로 휴대폰이 계속 방전되고 있었지요. 대기업에서 만들어 정부 인증을 받고 판매하는 제품이 잘못될 이유가 없었기에, 구름이 많이 끼거나 햇빛에 계속 두지 않아서 그럴 거라고 처음에는 생각했습니다.

방전의 원인을 찾기 위해 조건을 달리하고, 반복적으로 실험해보았습니다. 전압 측정 앱으로 휴대폰 배터리의 전압을 수시로 측정했으나, 전압이 상승하지 않았습니다. 도대체 뭐가 문제였을까요? 태양광 충전 케이스가 불량품이라는 확신이 들었습니다. 그전에도 태양광 패널로 충전하는 보조배터리를 구입한 경험이 있었는데, 그때도 배터리 충전이 잘 안되었거든요. 그러나 그 제품은 중국산이고 기술 발달이 부족했기 때문이라 생각했어요. 그런데 2016년에도 크게 달라진 게 없다니! 결국 태양광 패널에서 전류가 생산되더라도 충전을 위해 달린 회로를 거치며 전류가 더 소비됐다는 결론을 내렸습니다.

태양광 패널을 이용한 휴대폰 충전 케이스

에큐배터리(AccuBattery) 앱으로 휴대폰 충전 케이스의 전압을 측정한 결과

장소	광원	광원 노출 시간	배터리 충전량의 변화
실내 (도서관)	형광등	34분	− 5%
실내 (강의실)	조명이 켜졌다 꺼졌다 함	1시간 26분	− 21%
실외 (흐림)	태양광	26분	− 5%

　대기업에서 만든 제품이었지만, 이 제품은 거의 볼 수 없었습니다. 실패한 셈입니다. 아이디어는 좋았지만 시제품 확인 과정에서 걸러졌어야 할 제품이었지요. 표로 정리한 실험 결과에서 알 수 있듯 충전 기능을 달성하지 못했으므로, 제품으로서 가치가 없었습니다. 그 이유는 회로 문제일 수 있지만, 그보다는 태양광 패널의 용량이 작았고, 충전을 위해 휴대폰을 강한 햇빛 아래 따로 두기 어려웠기 때문입니다. 좋은 제품이라고 생각했지만 해결할 문제가 발견되었습니다. 이 기업이 제가 거쳐야 할 시행착오를 미리 확인한 셈이 되었지요.

휴대폰 충전기 프로젝트가 실패로 돌아간 후에도, 태양광 충전에 대한 관심은 계속되었습니다. 이번에는 태양광 에너지 거점 센터인 '충남 창조 경제 혁신센터'에서 운영하는 '교육과 창업을 위한 프로그램'에 참여하게 되었습니다. 다행히 기존 제품의 한계를 분석했기 때문에 그 한계를 극복할 아이디어를 찾으면 되었습니다. 태양광 패널을 조립해서 원하는 전압과 출력의 제품을 만들고, 거기에 덧붙여 태양광 패널을 통해 충전하는 보조배터리 설계를 자문 받고, 제공 받은 재료로 제품을 제작했습니다.

기존 제품의 단점을 보완하여, 태양 아래 두면서 충전 가능하며 잃어버려도 아깝지 않은, 보조배터리 충전을 위한 태양광 패널과 케이스를 만들

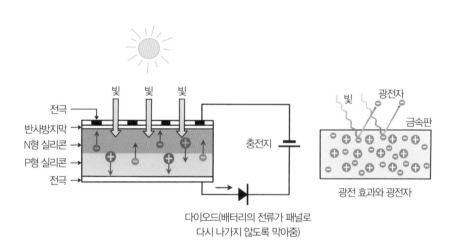

태양광 충전 원리

었습니다. 태양광 패널의 크기를 키우고, 충전 보호 장치가 있는 보조배터리도 끼우고, 햇빛이 없어도 배터리에서 태양광 패널로 방전되지 않도록 다이오드까지 달았지요. 무엇보다 태양광 전문가 집단에게 자문 받은 제품이었으므로, 하나부터 끝까지 손수 제작한 제품은 아니어도 이게 첫 단계라고 생각했습니다.

마침내 태양광 아래에서 정성껏 만든 제품을 실험해봤습니다. 근사한 제품은 완성되었으나, 원하는 만큼 충전이 잘 되지 않았어요. 충전 시간이 너무 오래 걸려서인지 충전이 잘 되는지 확인이 어려웠지요. 저는 '한국의 환경 조건은 태양광 충전을 하기엔 충분하지 않구나. 역시 적정기술 제품은 한계가 있어'라고 생각하며, 적정기술은 저소득국가를 위한 기술이라는 결론을 냈습니다.

시간이 흐른 후 〈국경없는과학기술자회〉에서 운영하는 프로그램에 선발되어 캄보디아로 가게 되었습니다. 가장 잘 만든 태양광 충전 보조배터리를 갖고 갔지요. 캄보디아 태양은 달랐습니다. '이래서 적정기술이라 하는구나! 한국처럼 잘 사는 나라가 아니라, 태양빛이 너무 강해서 생산성이 떨어지고 일할 의욕이 없는 곳을 위한 기술이 태양광 발전 기술이구나'라고 생각했어요.

캄보디아의 강렬한 햇빛으로 보조배터리를 충전하고 있다.

저는 한껏 고무되어 아침부터 태양광 충전 보조배터리를 해가 잘 드는 곳에 놓아두고, 현지 아이들과 놀아주며 봉사활동을 했습니다. 오후 4시쯤 되자 보조배터리는 태양광을 충분히 받았는지 뜨겁게 달궈지면서 충전율이 100%가 되었습니다.

다음날 충전이 완료된 보조배터리를 갖고 하루를 시작했습니다. 이동하는 차 안에서 동료들에게 보조배터리를 보여주며 자랑했고, 보조배터리로 휴대폰을 충전했습니다. 그런데 목적지에 도착하여 휴대폰을 사용하려니 휴대폰이 거의 충전되지 않았고, 보조배터리는 방전되어 있었습니다. '이런, 휴대폰이 벌써 전기를 다 써버렸나 아니면 휴대폰에서 어떤 프로그램이 실행되었던 걸까?' 의문이 꼬리에 꼬리를 물었습니다.

다음날도 태양광 보조배터리를 태양 아래서 충전했습니다. 과학은 재

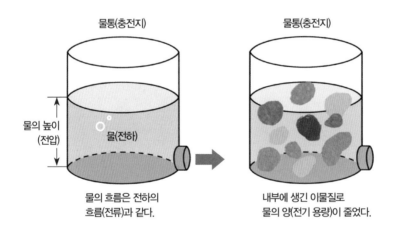

보조배터리 용량이 줄어드는 이유

연성이 중요하니까요! 그런데 이번에는 충전한 지 20~30분 만에 보조배터리 용량이 100%로 다 채워졌습니다. 이유는 모르지만, 이제 충전이 잘 되는 보조배터리로 거듭 나는가라며 신기해했습니다. 하지만 금세 문제가 드러났습니다. 보조배터리는 용량(수명)이 줄어들어 20분 만에 완충되었고, 휴대폰에 전기를 찔끔 준 뒤 완전히 방전된 것이었어요. 한국에서 가져온 새 보조배터리가 100년은 쓴 듯 비실거렸습니다.

　저는 자신이 안다고 생각했던 게 실제로 아는 게 아니라는 사실을 깊이 깨달았습니다. 그저 이론만 떠들 뿐, 현장에서는 현장에 적용 가능한 지식이 따로 필요한가라고 생각하며 지식의 역할에 대한 자신감을 잃었어요. 그러면서 학교 교육의 효용에 대해 생각해보게 되었습니다.

적정기술 아이디어 스케치 대회의 탄생

　긴 탐구 과정을 어설프게 마무리하고 학교로 돌아온 뒤, 그간의 실패를 통해 문제 해결에 대해 생각해보게 되었어요. 요즘 학생들은 개념 이해보다는 문제 풀이법에 초점을 맞춰 공부하다보니, 새로운 문제가 나오면 당황하고, 어려운 문제는 잘 풀어도 기본 개념은 모르는 경우가 많다는 이야기를 자주 듣습니다. 저도 학교에서 오래 근무하며 느낀 터라 공감하는 이야기입니다. 그러나 저 또한 박사 과정에서 공부하면서 현장의 문제 해결과 동떨어져 있다고 생각하게 되었습니다. 당장 닥친 문제도 해결하지 못하는 과학 지식이라면, 과학은 무엇을 위한 과학일까요?

이런 고민 속에서 조금씩 접하던 적정기술에 대해 생각했습니다. 우리의 문제는 무엇이며 어떻게 해결할 수 있을까? 인간은 과학을 통해 자연을 이해하고 삶에 대한 철학을 세우는 틀을 만듭니다. 자연을 이용하고 유지할 때 과학을 활용하지요. 그런 면에서 인간이 자연 속에서 조화롭게 살아가는 능력 또한 과학을 통해서 키워야 합니다.

저는 연구 휴직 기간 중에 다양한 창업 프로그램에 참여하면서 창업에도 많은 관심을 가지게 되었습니다. 10여 년 전과는 달리, 대학에서는 창업을 위한 훈련과 관련 대회를 지원하면서 학생들이 도전하고 실패하며 성장하도록 돕고 있었습니다. 창업실습 수업의 교수님 말씀이 생각납니다. 기업은 사람들이 필요로 하는 것을 제공하고 일정한 대가를 받는 곳이라는 말씀이었어요. 기업은 돈을 버는 곳이고, 돈을 많이 벌기 위해 비윤리적인 일도 서슴지 않는다고 생각했는데, 교수님 말씀 덕분에 새로운 관점으로 기업을 보게 되었습니다. 동시에 사회적 기업과 사회적 기업에 대한 정부 지원에 대해서도 알게 되었어요.

사회적 기업은 적정기술과 공통점이 많습니다. 저소득국가에 가서 베풀기만 했더니 사람들이 수동적으로 된 사례나 자선 단체처럼 저소득국가에 무상으로 제공하다가 회사를 유지하지 못하게 된 사례를 통해 적당한 수익이 발생해야 적정기술이 지속가능하다는 교훈을 얻었거든요. 1장에서 설명한 적정기술 2.0이 사회적 기업이라는 이름으로 등장한 것이죠. 기업이 필요로 하는 사람들에게 가치를 제공한다면, 사회적 기업과 적정기술은 소외 계층(돈을 적게 소유하여 구매력이 낮아서 기업이 관심을 두지 않는 대상)에게 그들이 필요로 하는 것을 제공합니다.

저는 대학에서 경험한 창업 과정이 적정기술의 가치를 알리고 학생들의 지식을 현장에 접목할 좋은 기회가 되리라 생각했습니다. 그래서 제가 소속된 적정기술학회 주최로 '중고생을 위한 적정기술 아이디어 스케치 대회'를 개최하기로 했습니다. 서울경기 과학교사 모임인 '신나는 과학을 만드는 사람들(신과람)'을 통해 교사, 학생을 대상으로 다양한 적정기술 프로그램을 만들고 실행하면서, 최종적으로 적정기술학회에서 학생들이 적정기술 아이디어를 발표할 기회를 만들었습니다.

대회 본선에서 학생들은 좌충우돌 실패담을 통해 성장하는 이야기를 하고 있었습니다. 몇몇 사례는 현장에서 실행해도 좋을 만한 아이디어였습니다. 해외에서는 사회에 큰 영향을 미치는 아이디어를 내거나 의견을 주장하는 중고생들을 볼 수 있습니다. 우리나라에서도 그런 학생이 많아지면 좋겠습니다. 좀 더 활동이 자유로운 대학에 진학하면 꿈을 펼쳐볼 수도 있겠지요? 시간이 지나면 한국 학생들도 툰 베리나 키아라 니르긴처럼 자기 생각을 자신있게 이야기하리라 생각됩니다.

사실 중고등학교 수준에서 제품을 직접 만들어보고 시장성 조사까지 수행하는 데는 한계가 있습니다. 그래서 적정기술 아이디어 스케치 대회는 머릿속으로 마음껏 그려보고 표현하면서 생각을 다듬어보자는 의미를 담고 있습니다. 2021년에 시행된 대회 내용을 소개하면서 대회 준비, 진행, 평가 기준에 대해 이야기하고자 합니다.

대회를 준비할 때 가장 먼저 생각할 것은 무엇일까?

선의가 있다면 세상은 좋게 변할까요? 아쉽게도 생각만으로 세상이 변하진 않습니다. 백만 번 생각해도 실천하지 않으면 세상엔 아무 변화도 일어나지 않아요. 그런데 선의로 실천하더라도 반드시 세상이 좋아지지는 않습니다.

선의의 행동이 문명을 망치거나 사회 균형을 깨트리는 일은 오랫동안 있었습니다. 굶어 죽는 아이들이 많은 저소득국가에 식량과 의료품을 지원했더니, 현지인들이 공짜에 익숙해지면서 더 나태해지거나, 공무원이 물품을 빼돌려 사회 혼란이 가중되는 경우도 있었어요. 그래서 원조 방식이 무상 제공에서 지속가능성을 추구하도록 변화하고 있습니다. '고기를 잡아주지 말고 고기 잡는 법을 가르치라'는 말처럼 스스로 자신의 문제를 해결하도록 노력해야 더 나은 삶을 만들 수 있습니다.

그럼 저소득국가 주민들은 왜 노력하지 않을까라고 생각할 수도 있습니다. 그 원인은 동기 부족이라 생각됩니다. 귀찮음을 감수하더라도 하고 싶은 강력한 동기가 없는 거예요. 그래서 이제는 '고기 잡는 법을 가르칠 게 아니라, 바다를 동경하게 하라'는 말이 나올 정도입니다. 4차 산업혁명 시대로 접어들고 필요한 것 대부분이 대량으로 생산되는 지금, 기계적인 삶보다는 동기가 이끄는 삶, 자신이 주도하는 삶이 자신의 존재 의미를 깨닫게 하고, 삶을 대하는 태도도 적극적으로 만듭니다. 세상을 아름답게 변화시키려는 여러분도 해결하려는 문제에 대한 동기가 필요합니다. 그래야 대상에 적극적으로 다가서고 내 일처럼 문제를 해결할 수 있는 산뜻한 방법이 떠오를 거예요.

대회를 어떻게 준비할까?

그러면 어떻게 동기를 부여할 수 있을까요? 선생님이 시키거나 주변 사람 때문에 해야 한다면 동기는 오래가지 않을 거예요. 그래서 먼저 상황을 이해하고 동기를 이끌어내는 공감대 형성이 필요합니다. 쉽게 공감이 되면 좋겠지만, 살아온 방식과 문화가 다른 이들을 공감하려면 노력이 필요합니다. 큰 일을 하기로 마음 먹었다면, 관심 대상과 같이 지내보고 자료도 조사하고 사전에 알아봐야 할 것이 많답니다. 그래야 그들의 생각을 이해하고 변화시킬 동기가 충만해질 테니까요.

저는 어릴 적부터 절약하도록 교육을 받아서인지, 에너지를 많이 사용하는 상황에 마음이 불편했습니다. 날씨가 점점 더워지니까 실내에서 추울 정도 에어컨을 틀게 되는데, 그 결과 지구는 더욱 더워지는 듯했거든요. 그런 생각 속에서 시작한 태양광 휴대폰 충전 프로젝트가 아직은 결과물이 없이 현재진행형이나, 그 과정에서 저는 많은 걸 배웠습니다. 생각해보면 시행착오를 통해 지금까지 배워온 과정이 디자인 싱킹(Design Thinking) 과정과 비슷합니다. 어려운 문제일수록 결과가 단박에 나오지 않거든요. 결과를 요구하면 부작용이 꼭 발생했어요.

엄청난 과학자 집단인 나사(NASA)가 달에 사람 보내기, 화성을 제2의 지구로 만들기, 우주 탐사 등을 연구하면서 휴대폰, 정수기, 건조 식품, 외골격 로봇 등 일상을 바꿀 신기술을 개발했잖아요? 이처럼 탐구 과정에서 우리는 세상을 이해하고 타인을 공감하며 과학적 사고도 배우면서 크게 성장하게 됩니다.

2021년에 적정기술 아이디어 스케치 대회는 온라인 국제 대회로 진행되었습니다. 문제를 해결하면서 거치는 시행착오와 문제 해결에서 고려해야 할 요소들을 단계별로 두고, 단계별 과제를 수행하며 발전하는 과정을 평가하였습니다.

한 층을 올라가려면 한 계단 한 계단 올라가야 하듯, 우리가 바꾸려고 하는 세상도 한 단계 한 단계를 거치면 시간이 걸리더라도 해결 가능하다고 생각합니다. 그래서 적정기술 아이디어 스케치 대회에서도 모든 단계를 거치며 최종 발표에 이르면 학회에서 요구하는 목적을 달성 가능합니다. 모든 단계를 마친 팀들은 상을 받을 자격이 충분하므로, 모두 상을 받습니다. 그러면 대회가 어떤 단계로 진행되는지 알아볼까요?

● 1단계 – 작품 계획서 제출

대회를 준비하려면 먼저 관심 대상에 대한 조사가 필요합니다. 그리고 상대방의 생활을 간접적으로나마 이해하고, 상대방 입장에서 문제를 생각한 뒤, 우리의 경험에서 해결 방법을 생각합니다. 1단계에서는 왜 이런 일을 하려는지, 어떻게 문제를 해결할 수 있을지, 그 결과 어떤 효과를 기대하는지 예상하고 앞으로 어떻게 탐구 과정을 진행할지 계획을 세워봅니다. 그리고 작품 계획서를 작성하여 제출합니다.

● 2단계 - 워크샵 진행

우리는 누구든 해결 가능하나 아직 해결되지 않은 문제를 해결하려 합니다. 그래서 공감하는 과정이 중요하답니다. 즉 문제를 왜 해결하고 싶은지 설득하는 과정이 필요해요. 굶어 죽는 사람이 있다면 단순히 빵을 주는 게 아니라, 그 사람을 둘러싼 정치, 문화, 경제 등을 고려해서 굶는 이유를 생각하면서 내 일처럼 공감해봐야 합니다. 바다를 동경하게 하라! 그러면 물고기를 잡든, 양식을 하든, 배를 만들어 바다로 나가게 하든 다양한 열정을 불러일으킬 수 있습니다. 공감이 가능해지면 문제의 원인을 하나하나 찾아보면서 해결책을 모색할 수 있습니다.

2단계는 워크샵 형식으로 기말고사가 끝난 뒤 진행되었습니다. 주제에 대한 탐구 과정을 다른 팀과 공유하고, 객관적 자료를 바탕으로 문제의 원인을 어떻게 찾고 있는지 발표했습니다.

제가 앞서 탐구한 주제를 예로 들면, 지구 온난화로 인해 우리 생활에서 나타나는 문제를 제기하고, 보고서와 통계 자료를 기반으로 에너지 과다 사용과 지구 온난화 문제의 연관성을 밝힌 뒤, 최근 전 지구적으로 증가한 에너지 사용량 문제가 휴대폰 사용과 관련 있음을 설득해야겠지요. 앞선 탐구 과정에서는 이러한 과정이 빠졌기 때문에 적정기술 제품으로의 설득력이 떨어질 수 있습니다.

또는 아프리카의 전력 수급 상황을 보여주는 자료, 주민 대부분이 전기를 사용하지 못하므로 불을 밝히기 위해 연봉의 1/3에 해당하는 돈으로 등유를 구입한다는 통계 자료, 등유 화재로 인한 사망자 통계 자료 등을 제시하면서 등유를 대체할 태양광 LED를 제안할 수도 있습니다. 워크샵을 통해 팀의 역할 분담과 다른 팀에 대한 질의응답 활동을 바탕으로 참가도를 평가합니다.

● 3단계 – 중간 발표

워크샵 후, 참가 학생들은 전문가와 일대일 멘토 – 멘티 관계를 맺습니다. 참가 학생들의 부족한 점을 경험 많은 전문가들이 채우지요. 적정기술학회에는 다양한 분야의 전문가들이 소속되어 있습니다. 멘토 – 멘티 활동은 멘토에게는 사회에 기여하는 기회가 되고, 멘티에게는 꽁꽁 묶인 실타래를 푸는 기회가 됩니다.

에너지 문제의 해결책으로 휴대폰을 사용하지 말자는 결론을 냈다면 멘토는 휴대폰이 우리 사회에 미치는 영향에 대해 논의하게 하고, 휴대폰에서 사용되는 에너지량을 생활 가전제품의 에너지량과 비교하게 합니다. 그리고 한국의 에너지 발전 방식과 그에 따른 환경오염 지수 등을 다각도로 생각하면서 현명한 판단을 내리도록 돕습니다. 또한 멘토들의 강연을 통해 사고의 범위를 확장하도록 돕지요.

모든 팀은 자기 팀이 생각한 세상의 문제가 왜 문제인지 다른 팀에게 설득시키고, 분석한 원인을 바탕으로 문제의 핵심 원인을 밝힌 후 해결책

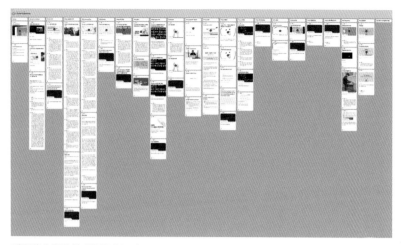

패들렛에 올린 참가팀의 발표 자료

을 제시합니다. 발표 자료를 패들렛(Padlet)에 올리면 다른 팀 학생들, 멘토, 심사 위원이 피드백을 남깁니다. 심사 과정에서 문제 해결을 위한 다양한 아이디어를 제시하는지와 실현 가능성을 잘 검토하는지를 보면서 창의적 해결 과정을 평가합니다.

● 4단계 – 최종 발표

최종 발표는 2학기 초에 진행됩니다. 중간 발표에 대한 피드백을 반영하면서 한층 더 완성된 해결책을 제시합니다. 이 단계에서 각 팀은 자신의 아이디어가 어떻게 검증되는지 설명하고, 사용자들이 실제 사용하면 얼마나 삶의 질이 개선되는지를 과학적, 통계적으로 검토하고 지속성을 평가합니다. 심사위원들이 그간의 연구 과정이 얼마나 내실 있게 진행되었는지, 피드백을 바탕으로 각 팀이 얼마나 성장했는지 평가합니다. 결과물이 성공이든 실패든, 대회는 많은 것을 배울 기회가 되고, 앞으로 닥칠 문제의 해결에도 많은 도움이 되리라 생각합니다. 이것이 적정기술학회가 청소년의 성장을 위해 하는 일입니다.

적정기술 아이디어 스케치 대회의 단계별 평가 기준

단계	과정	비중	근거 자료	평가 기준
1	대회 준비	20%	작품 계획서	1) 주제 선정에 대한 동기(문제 상황 제시)가 명확한가? 2) 연구 대상에 대한 사전 조사를 충분히 했는가? 3) 주제가 '사회적 문제 해결 및 지속가능한 발전을 위한 기술'에 부합하는가? 4) 활동 계획 및 기대 효과를 적절하게 마련했는가?
2	탐구 과정	20%	워크샵	1) 다루는 주제의 필요성에 대해 팀이 잘 공감했는가? 2) 사실에 근거하여 정확한 자료를 제시했는가? 3) 문제의 원인을 찾아가는 과정이 잘 이루어졌는가? 4) 역할 분담 및 참여가 잘 이루어졌는가? 5) 다른 팀의 발표와 의견에 관심을 갖고 반응했는가?
3	사고의 확장	30%	중간 발표	1) 청중이 문제의 심각성에 공감하도록 잘 설득하는가? 2) 문제의 원인에 대해 다각도로 접근하면서 핵심 원인을 찾아가는가? 3) 문제 해결을 위해 다양한 아이디어를 제시하고, 실현 가능성을 검토했는가? 4) 아이디어에 대한 과학적 타당성을 제시할 수 있는가? 5) 부족한 부분을 파악하고 보완할 방법을 생각했는가?
4	성장 및 완성도	30%	최종 발표	1) 문제를 잘 파악하고 변화의 필요성을 설득시켰는가? 2) 객관적 자료를 잘 활용하여 내용의 신뢰성을 확보했는가? 3) 해결하지 못한 문제를 새로운 방식으로 해결 가능한가? 4) 해결을 위한 아이디어가 실현 가능한가? 5) 아이디어가 현지 문제를 지속적으로 해결 가능한가?

적정기술에 참여하면서 인생 목표를 찾아보자

적정기술이란 가난한 사람들을 위한 기술이며, 자신의 시간과 에너지를 쓰는 활동이라 봉사 정신이 투철해야 한다고들 생각합니다. 그 배경에는 '나만 잘 살면 되지, 왜 타인을 걱정해야 할까'라는 마음이 담겨 있습니다. 이는 모든 생명체가 지닌 본능입니다. 하지만 인간은 사회적 존재라서, 다른 사람의 아픔을 무시하면 거기서 파생된 아픔이 온 사회에 번질 수 있지요. 주변의 아픔이 나와 무관하지 않아요. 자국에 백신을 많이 공급하기 위해 아프리카에 백신 보급을 늦추다 보니 아프리카에서 퍼진 변이 바이러스가 온 세계를 위협하게 되는 것처럼요.

이런 불행을 피하기 위해서가 아니라도 봉사활동을 해야 할 중요한 이유가 있습니다. 경제가 발전하고 생계를 걱정하지 않게 되면 고차원적인 행복을 추구하는 사람들이 증가합니다. 생존에 대한 기본적 욕구를 충족하면 삶의 의미에 대한 고민이 서서히 나타나지요. 예를 들면 '무엇을 위해 살 것인가' 혹은 '언제 행복을 느낄까' 같은 고민을 하게 됩니다. 이제 한국인은 마음만 먹으면 어려운 사람들에게 희망을 주는 영웅이 될 만큼 잘 살게 되었습니다. 우리는 쉽게 버리는 음식도 저소득국가에서는 생명의 식량이 될 수 있어요. 겨우 초코파이 하나에도 저소득국가 아이들은 행복해합니다. 그런 모습을 보면 사람들은 뿌듯함과 보람을 느끼지요. 돈을 쓰면서도 봉사 활동을 하는 이유가 바로 이런 행복감 때문일 거예요. 적정기술에 참여하면 삶의 의미도 찾고, 행복감도 느낄 수 있답니다.

2016년부터 시작한 적정기술 아이디어 스케치 대회는 해를 거듭하면서 발전하여 적정기술의 가치를 알리는 역할을 하고 있습니다. 2021년에 열린 대회에는 세계 8개국 66개팀이 참가했고, 20여 명의 전문가 멘토가 참여했습니다. 이처럼 세계의 청소년과 교류하며 전문가 멘토의 도움도 받을 기회가 또 있을까요? 대회에 참여하여 소중한 경험을 해보길 권합니다. 이를 통해 여러분의 인생 목표를 발견하리라 믿습니다.

김형진 대원여자고등학교 물리 교사

고려대학교 물리학과 및 서울대학교 물리교육과를 졸업하고, 복잡계 물리학으로 석사학위를 받고, 물리교육으로 박사과정을 수료했다. 동아사이언스 객원 연구원, 국회 과학정책 비서 등을 거치며 과학과 사회의 관계에 대해 고민하였고, 과학관과 도서관 등에서 과학 강연 및 연수를 진행하며 과학이 생활에 미치는 영향과 과학이 바꾸는 미래를 이야기하고 있다. 그리고 창업 실습, 혁신적 공학 설계, 창의적 제품 개발 등의 다학제 수업을 통해 프로젝트를 진행하고 사회적 기업 창업 활동을 경험한 바 있다. 이런 경험을 바탕으로 대원국제중학교에서 Future Lab을 운영하며 다년간 적정기술과 IoT 수업, 자유학기제 적정기술 프로그램을 구성하고 진행하였다. 적정기술학회 미래위원회 위원장으로, 2016년부터 적정기술 아이디어 스케치 대회를 기획, 운영하고 있다.

Email: darline2@snu.ac.kr

태양광 패널로 휴대폰 배터리 충전기 만들기

준비물

태양광 패널 10장, 납리본, 쇼트키 다이오드, 배터리 케이스, 배터리, USB 단자, 도선 2개, 코팅제(에폭시 수지와 경화제를 2:1로 혼합), 액체 플럭스, 펜치, 니퍼, 글루건

만드는 방법

① 태양광 패널을 납리본으로 납땜한다. 액체 플럭스를 패널에 발라주면 납땜이 쉽다.

② 태양광 패널 10장을 결합한 후, +와 −에 각각 빨간색과 검정색 도선을 납땜하여 연결한다. 이때 태양광 패널에서 배터리 방향으로만 전류가 흐르도록 다이오드를 연결한다.

③ 태양광 패널을 배터리 케이스 바닥에 고정하고, +, − 도선을 패널 바깥으로 뽑아낸다.

④ 태양광 패널 바깥으로 나가는 구멍을 글루건으로 막은 다음, 패널 위에 에폭시 수지를 붓는다. 그리고 24시간 동안 그대로 둔다.

⑤ 마이크로 USB 단자를 잘라 +, − 단자를 USB 1번과 4번에 연결한다.

⑥ 패널의 케이블과 USB 케이블을 연결하고, USB 단자를 배터리에 연결하면 완성된다.

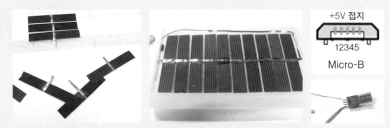

태양광 패널 한 장은 약 0.5 V의 전압을 생성한다. USB 전원과 같은 5 V를 충전하려면 패널 10장이 필요하나, 너무 커지므로 패널을 필요한 크기로 잘라서 직렬 연결한다.

결과

- 패널 1장은 0.6 V 180 mA로, 10장이 연결되어 약 1 W 출력을 낸다. 이론상 10시간 충전하면 2000 mAh의 작은 보조배터리를 충전할 수 있다. 최근 휴대폰 용량은 4000 mAh로 20시간 충전하면 완충이 가능하나, 충전 과정에서 전력 손실이 있으므로 실질적 효과는 미약하다(https://renewableenergyfollowers.org/2242 참조).

이미지 출처

1장

p.58	NASA, derivative work by Zafiroblue05 at en.wikipedia, Public domain, via Wikimedia Commons
p.59	https://community.wmo.int/wmo-greenhouse-gas-bulletin-14
p.60	https://public.wmo.int/en/media/press-release/provisional-wmo-statement-status-of-global-climate-2016
p.61	자료 출처: 기상청
p.65	© kickstart international
p.66	국경없는 과학기술자회 제공
p.67	© www.waterislife.com
p.68	© www.waterislife.com
p.69	https://4lifesolutions.com/
p.70	http://onnue.com/

4장

p.78 (왼쪽)	https://www.flickr.com/photos/vintage_illustration/50636674667
p.78 (오른쪽)	http://www.floridamemory.com/items/show/8937
p.79	https://ko.wikipedia.org/w/index.php?curid=1657081
p.83	https://news.adidas.com/
p.84	https://news.adidas.com/
p.87 (왼쪽)	https://www.nj.com/coronavirus/2020/04/special-needs-students-donate-face-shields-made-from-their-schools-3d-printers.html
p.87 (오른쪽)	Mizzou News/University of Missouri
p.88 (왼쪽)	Shutterstock.com
p.88 (오른쪽)	Wyss Institute at Harvard University
p.92 (왼쪽)	https://emergency-vent.mit.edu/
p.92 (오른쪽)	NASA/JPL-Caltech
p.93	https://www.youtube.com/watch?v=NB7SdwkBqHU
p.96	https://app.jogl.io/program/opencovid19
p.99 (페이스쉴드)	Thingiverse.com
p.99 (비접촉식 문 여는 기구)	https://www.prusaprinters.org/
p.99 (마스크 머리 고정대)	Thingiverse.com

5장

p.103	백남준 〈굿모닝 미스터 오웰〉 (1984), 백남준아트센터 《굿모닝 미스터 오웰 2014》 전시 설치 전경. 백남준아트센터 비디오 아카이브 소장. 사진 백남준아트센터. ©Nam June Paik Estate
p.111	www.amazon.com
p.112	https://www.geeky-gadgets.com/awesome-raspberry-pi-pocket-laptop-11-06-2018/
p.113 (위)	https://www.raspberrypi.org/blog/coderdojo-7th-birthday/
p.113 (아래)	https://www.youtube.com/watch?v=gAY1wXxz-A0&t=7s
p.114	https://oldempire.media/?q=what_is_open_source
p.119	ⓒ 손문탁
p.121	Wikimedia Commons
p.122	https://www.flickr.com/photos/11732444@N00/6152941754/

6장

p.130	https://www.unicef.or.kr/data/upload/ebook/unicef-news/113/
p.131	http://m.worldvision.or.kr/story/p2765/
p.132	https://www.flickr.com/photos/criminalintent/24692122281
p.135	HelpDesk Aarambh
p.136	http://www.prosoc.co.in/
p.137	UNICEF/Uganda/Michele Sibiloni
p.139 (왼쪽)	http://www.flickr.com/photos/olpc/3079782689/in/dateposted/CC BY 2.0
p.139 (오른쪽)	https://www.flickr.com/photos/olpc/3079782689/in/album-72157610659940312/
p.140 (왼쪽)	Android, Ubuntu, 4G and call capacity: Will Aakash 4 win t…	Flickr
p.141	http://www.raspberrypi.org/blog/rachel-pi-delivering-education-worldwide/
p.142	ⓒ 손문탁
p.143	https://www.facebook.com/EVENMAKR/
p.145	enuma 사진 제공
p.147	enuma 사진 제공
p.148	ⓒ 요크
p.150	ⓒ ㈜플러스코프, Pluscope

7장

p.161	㈜ 두산중공업 제공
p.163	S.A. Kalogirou, (2005), Seawater desalination using renewable energy sources, Progress in Energy and Combustion Science 31 242~281
p.164 (위)	https://www.landfallnavigation.com/
p.164 (아래)	http://www.watercone.com/index.html
p.165	https://bookofachievers.com/articles/solarballs-to-give-drinking-water-to-the-combodians-a-useful-innovation-by-an-oz-student
p.166	http://www.gabrielediamanti.com/projects/eliodomestico
p.170	ⓒ 박헌균
p.172	https://commons.wikimedia.org/w/index.php?curid=16185283 CC BY 3.0

8장

p.183	https://childmortality.org/
p.185	http://embraceglobal.org
p.187	www.facebook.com/MOMincubators/
p.189 (위)	By TED – ted.com, CC BY-SA 4.0, https://commons.wikimedia.org/w/index.php?curid=86873254
p.189 (아래)	https://www.foldscope.com/
p.191	Bhamla et al., 2016
p.192	google playstore
p.193	peekvision.org
p.194	https://www.flickr.com/photos/communityeyehealth/33001935333
p.196	https://jessvech.wordpress.com/portfolio/zambulance/

9장

p.203	https://www.documentingreality.com/forum/f240/starving-child-vulture-photograph-9892/
p.207	ⓒ 김형진
p.209	ⓒ 김형진

더 나은 사회를 만드는 지속가능한 과학기술
10대를 위한 적정기술 콘서트

1판 1쇄 발행일 2021년 12월 20일
1판 4쇄 발행일 2023년 10월 20일

지은이 장수영 안성훈 이원구 신관우 서덕영 신선경 박현균 김가형 김형진
펴낸이 이민화
그림 박양수 김세정
디자인 도트

펴낸곳 도서출판 7분의언덕
주소 서울시 서초구 서초중앙로 5길 10-8 607호
전화 (02)582-8809
팩스 (02)6488-9699
등록 2016년 9월 6일(제2020-000241호)
이메일 7minutes4hill@gmail.com

ISBN 979-11-977048-0-2 43500

＊이 책은 해동과학문화재단의 지원을 받아 한국공학한림원과 도서출판 7분의언덕이 발간합니다.